新北欧设计

从经典到新生

［丹］多萝西娅·冈多夫特｜著　李哲｜译

华中科技大学出版社
http://www.hustp.com

中国·武汉

有书至美
BOOK & BEAUTY

图书在版编目(CIP)数据

新北欧设计：从经典到新生 ／(丹) 多萝西娅·冈多夫特著；
李哲译. —— 武汉：华中科技大学出版社，2018.12
ISBN 978-7-5680-4494-3

Ⅰ. ①新… Ⅱ. ①多… ②李… Ⅲ. ①室内装饰设计－研究
－北欧 Ⅳ. ①TU238.2

中国版本图书馆CIP数据核字(2018)第188288号

Published by arrangement with Thames & Hudson Ltd, London
New Nordic Design © 2015 Thames & Hudson Ltd, London
Text © 2015 Dorothea Gundtoft
Designed by Anna Perotti, www.bytheskydesign.com
This edition first published in China in 2018 by Huazhong University of Science and
Technology Press, Wuhan City
Chinese edition © 2018 Huazhong University of Science and Technology Press

简体中文版由 Thames & Hudson Ltd 授权华中科技大学出版社有限责任公司在中华人民
共和国 (不包括香港、澳门和台湾) 境内出版、发行。
湖北省版权局著作权合同登记 图字：17-2018-167 号

新北欧设计：从经典到新生
Xin Beiou Sheji : Cong Jingdian Dao Xinsheng
[丹] 多萝西娅·冈多夫特／著 李哲／译

出版发行： 华中科技大学出版社 (中国·武汉)
          北京有书至美文化传媒有限公司
电　话： (027) 81321913　　(010) 67326910-6023
出 版 人： 阮海洪

责任编辑： 莽 昱 舒 冉
责任监印： 徐 露 郑红红
封面设计： 锦绣艺彩·苗 洁

制　作： 北京博逸文化传媒有限公司
印　刷： 广州市番禺艺彩印刷联合有限公司
开　本： 787×1092mm　1/24
印　张： 10.666
字　数： 84千字
版　次： 2018年12月第1版第1次印刷
定　价： 98.00元

目录
CONTENTS

引言
INTRODUCTION

对于我们斯堪的
纳维亚人而言，
精致制作、匠心设计
只是平常生活中司空见惯、
理所当然的常态。

充满魅力的北欧设计史让人赞叹不已，研究它也同样引人入胜。而发现这么多新兴设计人才，更是特别有意义。有关北欧设计的大多数著作都是由其地理与气候角度开始切入主题的。从这个角度来说，位于欧洲北部寒冷地区的斯堪的纳维亚一直被外界认为是一个不太宜居的地方，尽管这里以其温和的夏季和蔚为壮观的极光而闻名于世。这样综合了火山、极地、多雨、海洋和山地的地区，意味着在此居住的人们总是要迎接各种挑战。

当然，北欧这样的地理和环境状况形成了一种产品设计传统，那就是重视产品的实用性和耐用性。北欧设计几乎一直是着眼于产品的实用性，同时也会将其周围的自然环境及资源考虑进去。斯堪的纳维亚的民众大多有着深厚的农业背景。显而易见，以前渔民和农民赖以生存的高品质工具的制造，作为一种传统被深深地沉淀到北欧设计的血脉之中。精心的制作和匠心的设计在北欧是普遍存在和随处可见的。我的幼年时期，连学校的椅子都是阿恩·雅各布森（Arne Jacobsen）设计的。如今更可以很清楚地感受到，从我们的飞机机舱、图书馆、办公室甚至幼儿园，所有的地方都有着巧妙、深思熟虑的设计，体现着北欧风格的内敛而隽永的优雅。对于我们斯堪的纳维亚人而言，精致制作、匠心设计只是平常生活中司空见惯、理所当然的常态。

左页图："Korint"橱柜，2014年，Snickeriet木工房

第8—9页图："蛋"（Egg）椅，1958年，阿恩·雅各布森设计，弗里茨·汉森家具公司（Republic of Fritz Hansen）制造

7

直到20世纪50年代，
斯堪的纳维亚的设计
才真正引起世界的注意，
并成为全球公认的
一种流行设计风格。

左图："前夜"（Eve）椅，2013年，蒂莫·里帕蒂（Timo Ripatti）设计

使用时，要注意其涵盖的范围，芬兰、挪威、瑞典和丹麦这4个国家组成了该地区，每个国家各自都有自己的历史、传统和美学。而这4国与冰岛一起构成了新北欧设计。

芬兰三分之一的国土位于北极圈内，芬兰人同时属于波罗的海和斯堪的纳维亚民族。在19世纪70年代后期，紧随地处赫尔辛基的阿拉比亚陶瓷公司成功的脚步，这个国家的许多艺术和设计机构纷纷成立，并都将总部设在了赫尔辛基。1917年芬兰独立，1933年米兰三年展显示出了大家对芬兰应用艺术更广泛的承认。今天，芬兰的设计领域正在蓬勃发展，像乔安娜·拉吉斯托（Joanna Laajisto，参见第142页）这样的设计师在引领着商业空间设计，还有芬兰设计工作室"阿尔托＋阿尔托"（Aalto + Aalto，参见第49页），他们与伊塔拉（Iittala）这样的芬兰知名品牌一起合作创造产品。

挪威地处欧洲偏北的地区，人口稀少，并有着绵延的山脉和茂密的森林。挪威与瑞典在1814年建立联盟，1905年联盟解体，挪威获得独立。19世纪国家浪漫主义在建筑和应用艺术的蓬勃发展也推动了挪威的设计。在此之前，挪威人家里的实用物品、民族服装都是世代传承的样式。这些物品通常是在一年中较冷的那几个月里被创造并改善的。现代主义是20世纪40年代初在挪威开始流行起来的，但在第二次世界大战之后，信任危机使产品生产趋于内向型，这种倾向可能导致该国设计没有达到与邻国同等程度的成功。

北欧设计的起源可以追溯到19世纪末和20世纪初。芬兰的阿拉比亚陶瓷公司（Arabia，参见第16页）成立于1873年。1900年，他们参加了巴黎举办的世界博览会，向世人展示了斯堪的纳维亚设计并赢得了自信。当时涌现了一批著名的人物，如挪威画家、插画家和纺织设计师格哈德·蒙特（Gerhard Munthe），他于1892年至1905年在挪威国家美术馆董事会任职。还有为1900年的博览会设计了芬兰展馆的建筑师赫尔曼·耶塞柳斯（Herman Gesellius），他与瑞典的瓷器制造商罗斯兰（Rörstrand）一起完成的展馆设计。在当时，社会责任已经成为设计关注的问题，1917年，在斯德哥尔摩丽列瓦茨艺术馆（Liljevalchs Art Gallery）举办的一场家居设计展览中可以感受到这一点。

直到20世纪50年代，斯堪的纳维亚的设计才真正引起世界的注意，并成为全球公认的一种流行设计风格。"斯堪的纳维亚"一词与设计一起天然材料的现代化运用为挪威新兴设计师提供了新的发展思路，如拉尔斯·贝勒·费特兰（Lars Beller Fjetland，参见第64页），他在2013年荣获了英国《ELLE家居廊》（ELLE Decoraction）新锐设计师奖。还有丹麦的设计工作室"提升一切"（Everything Elevated，参见第94页）和挪威设计二人组亨廷和纳鲁德（Hunting & Narud，参见第134页）亦有所创新。挪威曾是欧洲最贫穷的国家，但现在由于其北海的收入，已成为富有的国家之一，目前还是世界第三大石油出口国，人们对设计领域和整个国家的信心都正在恢复。

瑞典是很有设计传统的国家，至少其现代的设计形式可以追溯到18世纪。那个时期古斯塔夫三世（Gustav III）喜欢新古典主义（Neoclassicism）风格，这种风格在欧洲特别是法国非常流行，它强调轻盈、舒适、简约和空间感。后来19世纪早期德国流行比德迈（Biedermeier）风格，这种风格使用了金饰的桦木和枫树装饰细节，这些设计要素也被传播到了瑞典。

设计哲学上的简洁实用思想契合民主自由的精神，并彰显了个体自由，为社会问题提供了创造性的解决方案（宜家是瑞典设计的现代著名品牌之一，它因强调了"好设计可平民化"这一理念而被大众广泛认可）。1925年在巴黎"现代工艺和装饰艺术博览会"上，瑞典馆展示了两种设计风格，典雅、精致与现代简约并重。如今在斯德哥尔摩高端酒店里既可以看到伟大的室内设

计，同样也有新兴设计师的作品，像Objecthood设计工作室（参见第180页）的设计，这样的做法也为新一代设计人才提供了展示空间。

丹麦位于德国和瑞典之间，国土面积较小且地势平坦，但丹麦可能是斯堪的纳维亚地区在设计方面最成功的国家。丹麦皇家美术学院的家具学院，当时由传奇家具设计师凯尔·柯林特（Kaare Klint）领导，他在设计教育和为后代建立设计基础方面发挥了至关重要的作用。丹麦本土很缺乏原材料，丹麦设计师们则致力于利用当地的材料完善工艺，以生产出耐用的家具。与瑞典的设计师不同，丹麦人一直重视设计的实用性，他们为注重实际的家庭设计了令人折服的设计作品。20世纪50年代和60年代，丹麦产品在美国和欧洲非常流行。著名的品牌如丹麦家具品牌Hay（参见第120页）、古比（参见第113页）和诺曼·哥本哈根（Normann Copenhagen，参见第169页）。注重传统的设计公司有汉森父子（Carl Hansen & Son），著名家具设计师包括汉斯·瓦格纳（Hans J.Wegner）、芬·尤尔（Finn Juhl，参见第24页）、阿恩·雅各布森，都传承了经典的设计理念，并且着眼于21世纪，让设计非常现代。

虽然冰岛不是斯堪的纳维亚半岛的一部分，但它是新北欧设计的重要组成部分。冰岛紧靠北极圈，位于世界上最活跃的火山地区，外界认为它是一个不断变迁且充满挑战的国家。由于该国地处气候恶劣的严寒之地，其国民使用的物品具有很强的功能性。直到19世纪末，他们的工业产

左页图:"大奖赛"(Grand Prix)椅,
1957年,阿恩·雅各布森设计,弗
里茨·汉森家具公司制造

左图:"钟罩"(Cloche)灯,贝勒
(Beller)设计

品才开始注重设计以及美观的要素。由于出国深造费用越来越高,冰岛很多未来的设计师无法获得学位,于是冰岛政府1939年在冰岛首都雷克雅维克(Reykjavik)成立了应用艺术学院来培养自己的设计师。20世纪50年代和60年代,冰岛禁止进口家具,所以国内有几家小型工厂开始生产家具,他们聘请了一些著名的设计师,其中有贡纳·马格努松(Gunnar Magnússon),他在1967年设计了"阿波罗"(Apollo)椅,其灵感来自于美国航天局的"土星5号"月球火箭。冰岛还有像奥拉维尔·埃利亚松(Olafur Eliasson,参见第88页)这样的艺术家,他让人们注意到了对光的利用,创造出了吸引国际关注的艺术装置作品,并超越了斯堪的纳维亚的传统艺术形式。随着新的设计工作室和家具制造商的不断出现,如火花设计空间(Spark Design Space,参见第199页)和法里德(Færid,参见第99页),冰岛现在被认为是新兴设计人才不断涌现的地方。

现如今,斯堪的纳维亚诸国正在通过他们自己的设计机构培养人才而形成新的设计联盟。这些学校吸引了来自世界各地的国际学生,他们被斯堪的纳维亚设计遗产的持久魅力吸引,并在此影响下,创造出具有全球影响力的新设计。不过这些设计仍然植根于对功能和持久品质的注重。在本书中,有对一些世界设计前沿的新兴设计师的采访,有对斯堪的纳维亚一些设计大师的介绍,并且还有来自当前国际评论家的一些看法,像博客作者、记者和生活时尚编辑,他们都是新北欧设计的拥护者。

第一部分

著名设计师及设计品牌

阿拉比亚陶瓷
ARABIA

上图：瑞典纺织艺术家
路易丝·阿德尔堡
（Louise Adelborg）

中图："躲猫猫"（Piilopaikka）系列，
皮娅·凯托（Piia Keto）设计

右页图："瞬间"（Tuokio）系列，
海洛林和卡利奥
（Helorinne & Kallio）设计

1873 年，阿拉比亚陶瓷公司由瑞典的罗斯兰公司所创立，现为芬兰的菲斯卡（Fiskars）公司所有。从创立时起，该公司就开始生产厨房用具和餐具，并坚持以消费者需求为导向的美学标准。在19世纪公司成立之时，芬兰的陶瓷生产制造业还处于起步阶段，但经济的蓬勃发展确保了市场需求和公司的快速成长。阿拉比亚最初的工厂位于赫尔辛基的托科拉（Toukola）区，这栋建筑现在是阿尔托大学（Aalto University）艺术设计和建筑学院的所在地。

1875年，阿拉比亚陶瓷公司已经有员工110名，1900年该公司在巴黎世界博览会获得了金奖。多年来，许多著名的陶瓷艺术家和设计师一直与阿拉比亚陶瓷公司有着亲密合作，其中包括乌拉·普洛科佩（Ulla Procopé），其设计包括1958年和1960年的"火焰"（Liekki）和"瓦伦西亚"（Valencia）系列。艾斯特瑞·多姆拉（Esteri Tomula）在1947年至1984年也在该公司工作，设计生产了"芬兰"（Fennica）和"藏红花"（Krokus）系列作品。比格尔·凯比艾恩（Birger Kaipiainen）则于1969年设计了"天堂"（Paratiisi）系列作品。还有卡伊·弗兰克（Kaj Franck），1945年担任该公司艺术总监，他在1953年设计了"工会"（Kilta）系列作品，1981年以"主题"（Teema）的名字重新推出。

如今阿拉比亚陶瓷公司的成功延续到新的千年纪元里，公司继续保持着与有才华的设计师进行相关合作。当赫尔辛基被评为2012年世界设计之都时，阿拉比亚陶瓷公司就通过新款设计的"家乡"（Kotikaupunki）系列杯子来纪念这一时刻。该公司也会用一些设计元素来迎合社会流行文化，比如他们创造生产的杯子和餐具印有"姆明"（Moomin）的芬兰童话形象，这个题材来自著名作家托弗·杨松（Tove Jansson）深受欢迎的儿童读物。还有一些产品设计使用了愤怒的小鸟（Angry Birds）的形象元素。

戴斯德设计
DYSTHE DESIGN

戴斯德设计的设计师是挪威家具设计师斯文·伊瓦尔·戴斯德（Sven Ivar Dysthe），他因发明了一种新的层压复合工艺在家具设计历史上留下了值得书写的一笔。戴斯德1931年生于奥斯陆（Oslo），曾就读于伦敦皇家艺术学院（Royal College of Art）。在那里就读期间，1953年，他代表学校为伊丽莎白二世（Queen Elizabeth II）的加冕典礼设计了手饰盒。一年后，他在哥本哈根为建筑师奥尔拉·默加德-尼尔森（Orla Mølgaard-Nielsen）工作，很快受到斯堪的纳维亚设计运动的启发。

斯堪的纳维亚家具的特点是简洁和功能性，戴斯德以此作为自己设计的基础，1958年他建立了自己的设计工作室，并在挪威的一次家具设计比赛中获奖。参赛作品的扶手椅采用了一种新的层压技术，这个新技术引起了当时一些知名家具公司的关注。他事业的突破发生在1960年，那时挪威杜卡邦德默勒公司（Dokka Bondemøbler）在科隆国际家具博览会（IMM Cologne）上推出戴斯德的"1001"扶手椅，他大胆运用钢、红木和黑色皮革进行设计，并取得了成功。在之后的10年时间里，他的其他有代表性的设计很快也相应取得了成功，其中包括"层叠"（Laminette）扶手椅和"行星"（Planet）等系列作品。

戴斯德有句名言："当美学、功能和形式融合成一个整体，并令你觉得就该如此，那你就成功了。美食融于舌尖，而美好设计取决于自身感受，如此简单，却又如此具有挑战性。"

右页图: "行星"椅，1965年

下图: "层叠"扶手椅，1964年，瑞柏欧（Rybo）重制

阿泰克家具公司
ARTEK

芬兰家具公司阿泰克成立于1935年，创始人为著名设计师阿尔瓦·阿尔托（Alvar Aalto）和他的妻子艾诺·阿尔托（Aino Aalto），还有艺术赞助人莫雅·古里奇森（Maire Gullichsen）和艺术历史学家尼尔斯-古斯塔夫·哈尔（Nils-Gustav Hahl），公司对技术、生产方法和材料都很注重。现今阿泰克家具公司总部设在赫尔辛基，该公司还在那里经营4个零售店，即艾斯普那帝（Esplanadi）旗舰店、阿泰克第二周期（Artek 2nd Cycle）、阿泰克·阿伊塔（Artek Aitta）和维特拉爱阿泰克（Vitra Loves Artek），公司还在纽约、东京、斯德哥尔摩和柏林等城市都设有办事处。该公司现在为维特拉公司（Vitra）所有。

阿泰克最早的优秀设计为阿尔瓦和妻子为派米奥（Paimio）疗养院设计的家具和灯具（1929—1933年），"派米奥"椅，是特别为必须忍受长时间坐姿的肺结核病人而设计的。这把椅子，现在被认为是芬兰设计的标志性作品，也是纽约现代艺术博物馆（Museum of Modern Art）的永久藏品。另一个早期的设计作品"E60凳"（Stool E60），还被苹果公司的门店使用，而阿泰克的玻璃设计作品现在由伊塔拉公司生产。

阿泰克公司生产的家具、照明和配件等产品还曾由斯堪的纳维亚设计大师塔皮奥·维尔卡拉（Tapio Wirkkala）、埃罗·阿尔尼奥（Eero Aarnio）、约恩·乌松（Jørn Utzon）、尤哈·列维斯盖（Juha Leiviskä）等其他许多设计师参与，公司还与来自世界各地的建筑师、设计师和艺术家合作，包括海拉·容格里斯（Hella Jongerius）和康斯坦丁·葛切奇（Konstantin Grcic）等设计师，还有为阿泰克公司设计了2007年度米兰三年展的展馆的坂茂（Shigeru Ban），此展馆后来临时安放在赫尔辛基设计博物馆外。

上图："扶手椅401"（Armchair 401），1933年，阿尔瓦·阿尔托设计，阿泰克家具公司制造，海拉·容格里斯复刻

中图："活动茶几901"（Tea Trolley 901），1937年，阿尔瓦·阿尔托设计，阿泰克家具公司制造

右页图："活动茶几900"（Tea Trolley 900），1936年，阿尔瓦·阿尔托设计，阿泰克家具公司制造

第22—23页图：阿泰克家居内饰，2011年（左）；"活动茶几901"和"扶手椅401"（右）

芬·尤尔
FINN JUHL

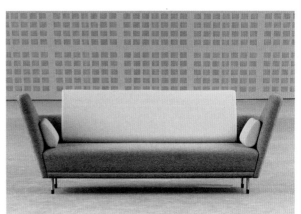

20世纪著名的建筑师和设计师中就包括芬兰伟大的设计师芬·尤尔。20世纪50年代和60年代，是他将丹麦现代设计引入美国。如今他在斯堪的纳维亚的产品和室内设计领域仍然是一位备受推崇的设计师。尽管尤尔想成为一名艺术史学家，但他的父亲，一位纺织批发商，却说服他去学习建筑学。尤尔于1930年入学丹麦皇家美术学院（Royal Danish Academy of Fine Arts），在那里就读了4年，并在凯·菲斯克（Kay Fisker）的指导下学习。菲斯克是一位推崇丹麦功能主义运动的建筑设计师。毕业之后，尤尔在威廉·劳里岑（Vilhelm Lauritzen）建筑事务所工作了10年。在那里，他为丹麦电台广播大楼（Radio Building）做室内设计，并在1943年获得了丹麦建筑最高荣誉的汉森新锐建筑师奖章。

1945年，尤尔离开了威廉·劳里岑的事务所，成立了自己的工作室，开始专注于家具设计。他曾参加哥本哈根匠师展（Cabinetmakers' Guild Exhibitions），这里是他设计作品的一个

上图："埃及"（Egyptian）餐椅，1949年；"109"餐椅，1946年；"57"沙发，1957年

重要展示平台，这些设计强调的是工艺而非用于大批量生产。

他的家具设计处女作，1939年设计的"鹈鹕"（Pelican）椅，于1940年首次生产，一开始并没有得到好评。直到1948年，当他的作品被美国建筑师埃德加·考夫曼（Edgar Kaufmann）关注到，命运才开始有了转变。考夫曼在《室内》（Interiors）杂志上撰写了一篇长文专门介绍了尤尔的设计。1951年，他的作品有机会在芝加哥的"优秀设计"展（the Good Design Exhibition）上展出。20世纪50年代，在米兰三年展上，尤尔一次获得5枚金牌，迎来了他设计生涯中的高峰。

在接下来的几十年里，他的设计作品越来越受到人们的欢迎。2010年，他的一款沙发设计由丹麦家具公司OneCollection重新生产发售，还获得了著名设计生活杂志《Wallpaper*》的设计奖。尽管尤尔因家具设计留下美誉，他其实也是很有建树的室内设计师。1946年，他担任了丹麦瓷器厂Bing & Grøndahl位于哥本哈根的办公大楼的室内设计，1951年到1952年还承担了纽约联合国托管理事会会议厅的设计。如今芬·尤尔的旧居就在奥德罗普格园林博物馆（Ordrupgaard Museum）旁边，他一直在那里居住，直到1989年去世，现在这里成为游客必去参观的地方。

"美丽的事物未必能带来快乐，但不入流的东西却足以摧毁大半心情。"

下图：餐具柜，1955年，Bovirke家具公司制造

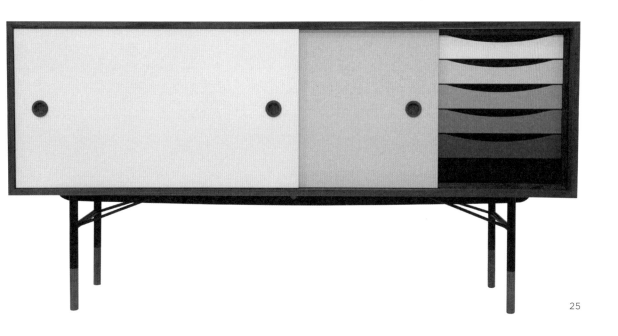

瑞之锡
SVENSKT TENN

右页图: "沙发968"（Sofa 968），20世纪30年代，约瑟夫·弗兰克，"凳子647"（Stool 647），1936年

下图: "扶手椅3543牛津"（Arm Chair 3543 Oxford）

1924

年，室内设计品牌瑞之锡成立于斯德哥尔摩，它是由艾丝特蕾德·埃里克松（Estrid Ericson）创建的，一开始销售的是艺术家尼尔斯·福格斯泰特（Nils Fougstedt）设计的锡制产品，这些产品是在店铺后面的车间里生产的。次年该公司的产品就在巴黎世博会上获得了1枚金牌。

1927年，公司搬至现在的地点，不久就展开了一系列卓有成效的合作，其中包括与瑞典建筑师乌诺·阿伦（Uno Åhrén）和比约恩·特雷高（Björn Trägårdh）的合作关系。最值得注意的是，奥地利设计师约瑟夫·弗兰克（Josef Frank）于1934年加入了瑞之锡，一直到1967年他去逝，都与埃里克松密切合作。1975年该公司被出售，4年后，安·瓦尔（Ann Wall）接任该公司总经理一职，她在转变为公司现代盈利业务方面发挥了重要作用。为纪念她的成就，公司每年颁发安·瓦尔设计奖以奖励新锐设计师。

该公司坚定地致力于瑞典的工艺传承，其产品几乎无一例外都是在瑞典生产。自20世纪50年代以来，公司大多数家具产品都是在同一个车间生产的。弗兰克的设计非常多。他去世后留下了约2000幅家具草图和160个纺织品设计，其中约40件作品现在仍在生产中。尽管弗兰克的设计仍然是公司产品的核心内容，但瑞之锡也在接纳现代设计，并举办了很多展览，如"生物圈模式"（Patterns of the Biosphere），这个展览中有4位艺术家将瑞典皇家科学院贝耶尔研究所（Beijer Institute）的研究成果演绎成了一系列海报。其中还有"三十年"（Three Decades）展，展示结合瑞之锡的家具，以上世纪30年代、50年代和80年代的电影为灵感再创造的系列设计。

谢勒莫
KÄLLEMO

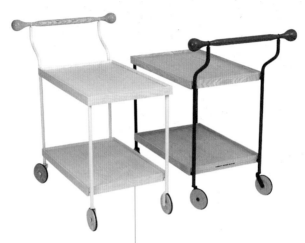

谢勒莫（Källemo）家具公司是第二次世界大战后作为木匠合作工作坊而创建的，以生产曲木家具为主。20世纪60年代，该公司被斯文·伦德（Sven Lundh）接管，他将公司推向了一个新的发展方向。战后，因瑞典的住房短缺，政府启动了"百万规则"，一百万个新公寓需要建成，而所有的公寓都必须配备家具。这导致家具行业的生产达到前所未有的高峰。

伦德解释说："当时，品质是以技术规格（例如胶合接头的强度）来衡量的。但其实品质的好坏应该由眼睛来判断，而不是靠背后的技术来判断。如果一件家具每天都用，用上两年而不会显出任何磨损迹象，但你却再也不想看到它了，那其实就是品质不好。你可以修复家具弯曲的腿，但是对其难看的样子却无能为力。所以品质优良必须经得起长期审视的考验，好的品质也是视觉的品质。"

这种对品质的定义与当时既定的观念相反，当时大部分人认为技术功能和测试方法是品质最重要的判断途径。1980年，在斯德哥尔摩的一次家具博览会上，伦德发现一款设计作品能验证他对产品品质的看法。那是乔纳斯·博林（Jonas Bohlin）设计的一款椅子，它是用钢和混凝土制成的，而且是他的毕业设计作品。"混凝土"椅当时对瑞典的设计产生了巨大的冲击。它仅制作了100张，但在拍卖会上价格却奇高。现今谢勒莫与众多知名设计师们合作，如西于聚尔·古斯塔夫松（Sigurdur Gustafsson，参见第40页）、瑞典著名设计师和艺术家马茨·特塞柳斯（Mats Theselius），也和丹麦二人设计工作室Komplot等设计公司合作过，他们设计了"非"（Non）橡胶椅。谢勒莫家具公司一贯的目标是不断呈现新事物，无论是在设计、功能还是材料方面。

弗里茨·汉森家具公司
REPUBLIC OF FRITZ HANSEN

该公司悠久的历史可追溯到1872年。当时，来自丹麦南部纳克斯科夫（Nakskov）的家具制造商弗里茨·汉森（Fritz Hansen）获得了营业执照。1887年，弗里茨和他的儿子克里斯蒂安·汉森（Christian Hansen）在哥本哈根市中心建立了他们的工作坊。而克里斯蒂安很快意识到，为了使设计和生产过程更简单、更具成本效益，必须开发探索新的方法。克里斯蒂安用蒸汽把木头弯成新的形状，在当时这是一项革命性的技术，到了20世纪30年代，这一工艺成为公司产品的鲜明特征。

1934年，公司开始了与当时还未出名的设计师阿恩·雅各布森的合作。阿恩·雅各布森设计的椅子在1925年的巴黎艺术装饰博览会上赢得了银牌，他当时还只是个学生。这种合作关系一直持续到20世纪50年代（1943年，雅各布森在战争期间逃离丹麦时合作短暂中断）。雅各布森为弗里茨·汉森所设计的经典椅子有"蛋"椅和"天鹅"（Swan）椅（两款都设计于1958年），以及"蚂蚁"（Ant）椅（1952年）、"系列7"椅（Series 7，1955年）和"大奖赛"椅（1957年）等。

公司另一位重要的合作伙伴是汉斯·瓦格纳，他设计的"中国"（China）椅自1944年以来一直生产至今。瓦格纳设计了500多款椅子，包括"孔雀"（Peacock）椅、"J16"摇椅和"椅子"（The Chair），其中100款设计作品至今仍然还在批量生产，其余的作品则被收藏。保罗·克耶霍尔姆（Poul Kjærholm），西德斯·维尔纳（Sidse Werner），皮特·海因（Piet Hein）和布吉·莫根森（Børge Mogensen）都是与该公司建立持久合作关系的设计师。今天，弗里茨·汉森还与塞西莉·曼茨（Cecilie Manz，参见第151页）这样的新生代设计师们进行合作。

上图："系列7"椅，阿恩·雅各布森设计；"随笔"（Essay）桌，塞西莉·曼茨设计

右页图："蛋"椅，阿恩·雅各布森设计

第32—33页图："蚂蚁""大奖赛""百合"（Lily）和"系列7"椅

托尔比约恩·阿夫达尔
TORBJØRN AFDAL

挪威家具设计师托尔比约恩·阿夫达尔是20世纪的开创性设计师之一，他现在仍然被尊崇为第二次世界大战后这个国家多产的设计师。

1946年阿夫达尔从奥斯陆国家艺术学院（National Academy of the Arts）毕业后，开始在设计工作室布鲁克斯波（Bruksbo）工作，并成为了该工作室的主要设计师。他后来在斯堪的纳维亚设计中也占有一席之地。在挪威，他因为该国第一位女首相格罗·哈莱姆·布伦特兰（Gro Harlem Brundtland）设计办公室而闻名，议员们的桌椅也是他设计的。更为人所称道的是他的设计还被美国前第一夫人杰奎琳·肯尼迪（Jacqueline Kennedy）为白宫购买。

1958年，阿夫达尔参加了慕尼黑的德国手工业俱乐部，2年后参加了米兰三年展，随后他的设计赢得了很大的赞誉。在20世纪60年代，阿夫达尔的作品更注重结构创意，他开始运用柚木、红木结合皮革、钢铁的方法进行设计。"百老汇"（Broadway）椅和"猎人"（Hunter）椅则是他的标志性设计，如今他的家具在拍卖会上的价格很高。

托尔比约恩·阿夫达尔于1999年去世，他的经典作品依然被世人所称道。2013年在奥斯陆、东京和纽约等城市举办的"挪威符号"（Norwegian Icons）展览中就展示了他的一些家具设计作品。

右页上图："克罗博"（Krobo）长凳，1960年，布鲁克斯波制造

右页下图："音响柜"（Stereo cabinet），约1970年，布鲁克斯波制造

下图："埃尔顿"（Eltonr）椅，约1960年，Nesjestranda家具公司制造

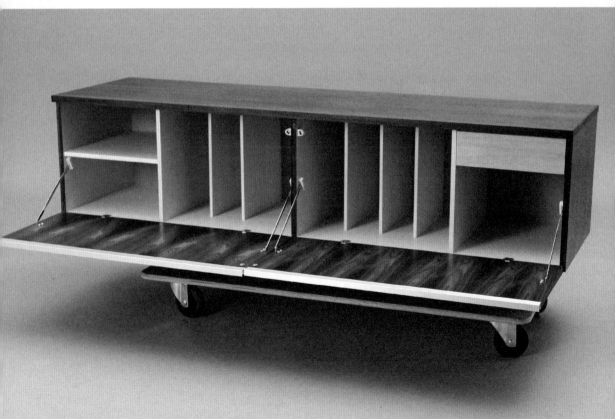

上图："漫画"（Manga）椅、
"微风"桌，莫妮卡·福斯特设计

下图："快乐"（Happy）扶手椅

右页图："快乐"安乐椅，"微风"桌

第38—39页图："旋转"凳、
"斯特拉"（Stella）椅和
"定制"（Bespoke）桌，
斯塔凡·霍尔姆设计

思维德斯
SWEDESE

自从斯堪的纳维亚设计的黄金时代开始，瑞典家具制造商思维德斯就创造了不可磨灭的设计作品。该公司于1945年由英韦·埃克斯特伦（Yngve Ekström）与耶克·埃克斯特伦（Jerker Ekström）兄弟和斯文·贝蒂尔·舍奎斯特（Sven Bertil Sjöqvist）共同创办，在英韦·埃克斯特伦的领导下繁荣发展，直到40多年后他去世。

英韦·埃克斯特伦与阿尔瓦·阿尔托、阿恩·雅各布森、保罗·克耶霍尔姆都是那个时代设计师中的核心人物，他们为斯堪的纳维亚设计的国际影响力做出了杰出贡献。除了担任公司的日常职务之外，英韦·埃克斯特伦还为公司设计了家具、总部大楼、标识和商品目录，甚至公司的圣诞卡等。埃克斯特伦最著名的设计作品是"拉米诺"（Lamino）扶手椅，从1956年至今还在生产。1999年"拉米诺"被《美丽家园》（Sköna Hem）杂志评为20世纪瑞典最佳家具设计。

如今，思维德斯公司在斯德哥尔摩有一个产品陈列展示厅，不过它的总部和主要工厂都在瓦格吕德（Vaggeryd），这个地方在传统瑞典家具生产的中心地带——斯莫兰（Småland）。公司第二家工厂在艾恩（Äng），这地区是瑞典奈舍（Nässjö）外的一个小村庄。目前与公司合作的设计师很多，如马茨·布罗贝里（Mats Broberg）和约翰·里德斯特罗勒（Johan Ridderstråle），设计了"风筝"（Kite）系列产品。还与克拉松·科伊维斯托·鲁内（Claesson Koivisto Rune）设计工作室合作，设计了"卡拉维拉"（Caravelle）椅和"欧式"（Continental）座椅系列产品。莫妮卡·福斯特（Monica Förster）则设计了"微风"（Breeze）系列桌子，而斯塔凡·霍尔姆（Staffan Holm）是"旋转"（Spin）系列堆叠凳子的设计者。

"今天，思维德斯的理想
和过去60年一样，
我们想为未来创造出
精美的家具。"

西于聚尔·古斯塔夫松
SIGURDUR
GUSTAFSSON

家具和工业设计师西于聚尔·古斯塔夫松在1962年的圣诞节前夕出生在冰岛北部的阿库雷里（Akureyri）。他的父亲是一个木匠，他很早就能接触家具造型和材料，这对于他后来职业生涯的选择产生了深远的影响。

1990年毕业于奥斯陆建筑设计学院（Oslo School of Architecture and Design）后，古斯塔夫松在瑞典哥德堡（Gothenburg）加入了卡尔伯格建筑师事务所（Cullberg Architects），然后在1995年成立了自己的事务所。2年后，他开始与瑞典家具品牌谢勒莫（参见第28页）进行富有成效的合作，他为该公司创造了许多现在依然经典的设计作品，其中包括"摩天大楼"（Skyscraper）货架单元、"天空席"（Skyseat）椅、"概念"（Koncept）桌和"DNA"钢杂志架。

上图及右页图："探戈"（Tango）椅，1998年，谢勒莫制造

古斯塔夫松认为，不用螺钉或胶水制作家具是探索物体完整性的良好方法。他专注于这样的理念，即设计不仅仅是与形式打交道，好的设计应该在于材料和形式的统一。在冰岛设计史不长的时间里，西于聚尔·古斯塔夫松已经成为当代家具设计领域新一代创造者中的领军人物。

"我专注于的想法是，
设计不仅仅是形式，
你必须学会观察和探索。"

41

第二部分

设计公司与设计师

&传统
&TRADITION

丹麦公司"&传统"生产的经典设计作品，都经由著名设计师设计，如维尔纳·潘顿（Verner Panton）和阿恩·雅各布森。同时该公司也为新设计师们提供了设计平台，其中包括苏菲·瑞弗（Sofie Refer）和All the Way to Paris设计工作室。这些设计师都擅于将工艺与现代设计相结合，并遵循着北欧高品质的设计传统。

右页图: "哥本哈根"（Copenhagen）吊灯，哥本哈根空间（Space Copenhagen）设计; "抓住"（Catch）椅，杰米·海因设计; "NA2"桌，规范建筑设计事务所设计

下图: "花盆"（FlowerPot）灯，1969年，维尔纳·潘顿设计

--------- 问 答 ---------

公司的背景是什么？

我们是一家丹麦设计公司，成立于2010年，秉承着传统与创新相结合的设计原则。我们的家具和照明设计资料库跨越20世纪30年代至今，还包括国际知名设计师的作品。

当你们创造新作品时，是什么激发了你们？

我们与设计大师们合作，同时给新兴设计师提供机会来设计未来的经典作品。我们可以感觉到如今的设计师与上世纪的设计师之间密不可分的关系，因为设计师都是所处时代的先锋派，如今的设计师将创造明天突破性的作品。

与你们合作的主要设计师和制作者都有谁呢？

我们与众多知名设计师和设计公司合作，其中包括"条条大路通巴黎"工作室、本杰明·休伯特（Benjamin Hubert）、杰米·海因（Jaime Hayon）、莱克斯·波特（Lex Pott）、卢卡·尼艾托（Luca Nichetto）、米娅·汉堡（Mia Hamborg）、规范建筑设计事务所（参见第173页）、荷兰设

计双人组（Ontwerpduo）、萨米·卡利奥（Sami Kallio）、塞缪尔·威尔金森（Samuel Wilkinson）、苏菲·瑞弗、哥本哈根空间（参见第194页）和维克托·维特雷恩（Victor Vetterlein）。

请问丹麦的设计与其他国家有何不同？

丹麦设计是卓越的，尤其涉及到现代设计的功能和高品质材料方面。我们自豪地拥有一些令人称道的经典设计，并能和当今一些顶级设计师合作，这令我们在很短的时间内取得了一些成就。

北欧设计对你们来说代表着什么？

工艺符合艺术，功能满足形式，材料塑造可能，这是我们北欧设计的传统和遗产。我们的目标是把这些理念带到当代设计中去，重塑、重新定义并革新材料、技术和形式。我们尊重自然，因为自然馈赠于我们原材料，我们信奉永恒的设计理念。

本页及右页图："乌松"（Utzon）吊灯，约恩·乌松设计；"飞"（Fly）沙发，哥本哈根空间设计；"蹄"（Hoof）桌，塞缪尔·威尔金森设计

阿尔托＋阿尔托
AALTO + AALTO

2010年，克劳斯·阿尔托（**Klaus Aalto**）及妻子埃莉娜（**Elina**）在赫尔辛基创建了工作室，以此和大众分享他们有关功能和情感的表达，这些表达来自于周围环境对他们的启发。他们承接了芬兰制造商**Kekkilä**、**Selki-Asema**和**SAVEtheC**的设计工作，并参加了东京生活设计中心的"灵感设计×芬兰"展（**Hirameki Design×Finland**）。

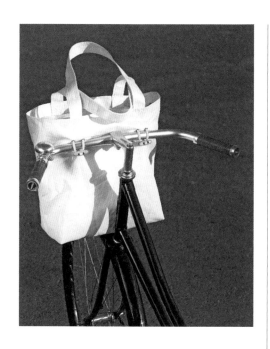

上图："非自行车包"（Non Bicycle Bag），SAVEtheC制造

左页图："取出"（Take Out）橱柜，旁边是阿尔瓦·阿尔托的经典椅子设计

———— 问 答 ————

公司最重要的产品是什么？

我们一起开始设计工作时，已经结婚10年了。这款产品始于我们的一个"联合项目"，那就是为我们的孩子准备一张双层床。作为设计师，我们不得不把它当作一个真正的产品来设计，而不仅仅是我们家庭的一个物品。"马亚"（Maja）双层床最终在几个展览上得以展出，目前我们正在研究一款新版本。这个项目是一个很好的测试，因为从中发现我们可以很好地合作，并且都能提供一些有质量的想法。通过我们实际的产品可能无从得知到底是谁贡献了什么，项目是我们共同的成果。

你们在赫尔辛基的环境中获得了怎样的灵感？

我们都受到来自赫尔辛基伴侣岛露天博物馆（Seurasaari Open-Air Museum）的启发，该博物馆收藏了来自芬兰各地的老房子。我们小时候在学校旅行中参观过这些建筑，而现在，我们能够欣赏出不同的建筑技术、背景理念以及制作工艺。我们既对新鲜事物充满好奇，也缅怀历史遗产。

上图:"流苏"(Tassel)灯,
泰罗·库伊图宁
(Tero Kuitunen)设计

右页图:"马亚"双层床

你们觉得什么对现今的设计有着重要意义?

现今的设计在开始时总面临这样的一种情况,那就是有一个问题或挑战需要设计来解决。随着条件的改变,急待解决的问题也会跟着改变,所需答案也必须改变。如果与10年前相比,现在的设计中,生态已经成为了其内在的组成部分。

在芬兰设计上,你的追求是什么呢?

芬兰设计非常民主,它已是我们日常生活的一部分。芬兰100年前是一个贫穷的农林型经济国家,这个国家变化成长很快。但是历史告诉我们,我们的设计简单而实用。奢侈对我们来说是很陌生的概念。我们不是制造那些季节性或时尚的,而是可以持续使用几十年的物品。

你们认为哪些产品是你们的优秀作品?

我觉得为伊塔拉设计的"瓦卡"(Vakka)盒子是一件不错的作品,因为我们所有的设计中,它是拥有最多用户的一个。我们的许多作品只有试制样品,当然它们是有价值的,但设计是用来供人们使用的。世界各地的人都在家里使用这个产品还是让我们非常开心的。

现今的北欧设计对你来说代表什么?

北欧设计正经历着某种复兴,新的公司如家居品牌Muuto(参见第157页)和Hay(参见第120页)很快就创建起来了,像伊塔拉和伦迪亚(Lundia)这样的老牌公司也在重塑自我。北欧设计没有边界,北欧公司与来自世界各地的设计师都有合作。严格来说,芬兰设计现在很难界定,因为公司所有权可能在另一个国家,设计师可能来自另一个国家。不过,也有如阿泰克(参见第20页)这样的公司,因其起源和历史,一直被认为是芬兰设计。

在斯堪的纳维亚你们很喜欢的地方有哪里?

我们全家都喜欢冰岛。风景令人赞叹,就像另外一个世界。那里的人们非常平易近人和热情,而雷克雅维克也是一个奇怪且奇妙的地方,是既粗犷又可爱的完美组合。

卡米拉·阿格史文
CAMILLA AKERSVEEN

2014年伦敦设计节（London Design Festival）"百分百挪威（100% Norway）"展中，设计新秀卡米拉·阿格史文（Camilla Akersveen）设计的"用心饮食"（Mindful Eating）系列参展，这些作品用意是加强我们对食物的感官体验。她展示出了设计与材料如何沟通的理念。

左页及第54—55页图：
"用心饮食"系列中的产品

--- 问 答 ---

你什么时候发现设计是你的使命？

我对设计的兴趣始于奥斯陆设计学院1年期的大学预科，这开拓了我对室内和家具设计的眼界。我在一个特别项目中设计了一款凳子，突然就对家具设计产生了一种特殊的感觉。2014年，我以硕士学位毕业于奥斯陆国立艺术学院（Oslo National Academy of the Arts）室内与家具设计专业。作为一名设计师，我渴望创造出有趣和美观的产品，同时这些产品在日常生活中也是多功能和实用的。

你到奥斯陆去哪里寻找灵感？

在奥斯陆乘电车时，我常常能找到设计灵感。我在观察周围不断变化的人和城市风景时，会放飞思维。

年轻一代的挪威设计师在面临挑战吗？

在我们挪威的设计历史上只有几个著名的设计师，我们也不像丹麦那样，以其设计而闻名于世。但我认为挪威年轻一代的设计师们会更热切地展示他们的才华。这也许会把我们和其他国家区别开来。

你是如何设计一个物品的呢？

如果我已经对于要做什么有了想法，例如餐具，首先会回顾其历史，看看这类物品是如何随着时间而发展的，它在不同文化背景中是如何被使用的。构建这方面知识后，我开始绘制草图。然后用3D软件构建出模型。挑出其中我最喜欢的造型并做出样品，然后在不同的用户组测试该产品。最终的造型会经过几次不同的试验后决定。工序的最后部分就是我为该作品选择合适的材料去制作。

挪威设计未来会如何呢？

挪威设计会蓬勃发展，越来越多的人开始给予我们关注。挪威设计具有不同凡响的品质和特性。我们拥有许多优秀的设计师，不胜枚举。我自己也受到挪威年轻设计团体的鼓舞和激发。

约翰·阿斯特伯里
JOHN ASTBURY

在读完人类学和社会学本科之后，约翰·阿斯特伯里于2011年在瑞典大学艺术、工艺和设计学院获得了工业设计硕士学位。自那以后，他在纽约、伦敦、东京、巴黎和斯德哥尔摩等城市都陆续有作品展出。在获得了2010年Muuto人才奖（Muuto Talent Award）和2012年ELLE室内设计奖（ELLE Interior Award）等殊荣后，他的设计赢得了更多的国际关注与赞誉。

———— 问 答 ————

能和我们分享下你作为设计师的经历吗？

我开始在英国学习，然后到瑞典去接受设计教育，2011年获得了工业设计硕士学位。我的作品在欧洲、斯堪的纳维亚和美国都有所展示，并获得2010年Muuto奖、2012年ELLE室内设计奖和2013年Bo Bedre设计奖（Bo Bedre Design Award）。在我学习期间，我曾和本特·布鲁默（Bengt Brummer）、卡琳·沃伦贝克（Karin Wallenbeck）一起工作过，他们设计工作室的名字是"WhatsWhat"。在2011年，我们发布了"格里塔"（Greta）吊灯，这款作品是由瑞之锡（参见第26页）生产的，然后2012年我们设计了Muuto（参见第157页）的"拉"（Pull）灯。自从我在2013年建立自己的工作室以来，我一直和其他设计公司保持设计合作关系。

你的主要灵感是什么？

我会特别注意交流中的词语，可以是无意中听到的、听错的、低语或是谎言。这些常常是我灵感的触发点。可能是一时的对话，也可能是长时间的讨论，但语言总是构成我工作的一个重要组成部分，我试图将这些单词或对话转化为视觉或触觉形式。

上图："格里塔"灯，
2011年，瑞之锡制造

右页图："淡出"（Fade）系列，
赵圭恒（Kyuhyung Cho）设计

右上图："淡出"系列，盛器

右下图："动物"（Fauna）镜子，
瑞之锡制造

左页图："淡出"系列，凳子

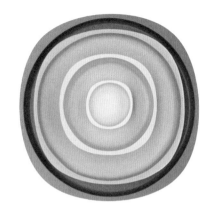

你合作的主要设计方是谁？

我目前合作的瑞典公司是TAF，还有设计师赵圭恒和卡琳·沃伦贝克。但和谁合作这种情况是一直在变化的，只要能和有趣的人一起工作，为有趣的项目工作，我就很高兴。

瑞典的设计与其他国家有什么不同？

这是一个很难回答的问题。对不同的人来说，这意味着不同的东西。我认为地理环境对任何团体或设计师都有很大的影响。这虽是老生常谈，但即使是在瑞典最城市化的地方，河流和森林也随处可见，环境是人类共有的一种传统遗产。

斯堪的纳维亚有什么地方最赋予你灵感？

我喜欢斯德哥尔摩群岛。但是灵感也经常来自于我身边的人群，所以酒吧和咖啡馆是我喜爱的去处。也许周六在斯德哥尔摩巴比伦（Babylon）餐厅吃顿早午餐是开启美好一天的良方。

现在的北欧设计对你来说意味着什么？

北欧设计的审美、材料和工艺都很时尚，讲究诚实和效率，简单而纯粹。我认为这都是很真实的北欧设计，但我同时也对这些价值观提出问题，并致力于在更宽广的背景下创造出新颖的设计视角。对我来说，设计最佳平衡点就位于这两种立场之间的交汇处。

唯有家具
BARE MØBLER

唯有家具（Bare Møbler）作为卑尔根学院展的项目始于 2003 年。该公司的名字被翻译成"唯有家具"，它是由家具设计师卡尔·马里乌斯·斯文（Karl Marius Sveen）与他的伙伴奥利安·杰奥奈（Ørjan Djønne）的合作设计而成。公司设在卑尔根和奥斯陆，这对二人组所设计的产品体现了挪威设计的价值内涵，比如简单、低调、幽默和自然。

挪威的设计与其他国家有何不同？

现在由于互联网、社交媒体和便利的交通等，挪威设计已经与其他国家没有那么大的不同了。我们可能作为一个小国具有良好的设计环境，因为几乎每个人都在从事某种创造性的工作。政府现在也开始意识到设计的重要，这使得在国外推广挪威设计的项目更容易获得资金支持。

下图："扭曲星"（Twisted Star）桌，卡尔·马里乌斯·斯文和奥利安·杰奥奈设计，RBM家具公司制造

左页图："双翼"（Wings）椅原型，卡尔·马里乌斯·斯文设计

能介绍一下你们的公司吗？

公司是我和奥利安一起创办的。我在奥斯陆出生和长大，但在挪威卑尔根艺术设计学院（Bergen Academy of Art and Design）学习。我从斯堪的纳维亚人的思维和生活方式中得到灵感。对我来说，家具应该简单、好用，既具有审美价值，又有功能价值。奥利安出生在挪威西部一个小村庄奥达（Odda），我们在卑尔根一起学习，都喜欢木工和手工制作。奥利安有着10年室内建筑师和家具设计师的工作经验。我们的项目涵盖了从公共建筑、音乐厅到酒吧和餐馆等方方面面。

你们的创作灵感来自何处？

来自那些勇于追随梦想而跳出思维方式的人们。我可能会受到秋叶的触动，迈阿密仲夏夜的激发，或者从一些古老的木制工具中得到灵感。深入研究项目，用旧技术研究新的生产方法也会给我启发。对于奥利安来说，灵感是来自家具制造者，比如约翰·马卢夫（John Maloof）和中岛乔治（George Nakashima）。对我来说，像大卫·柯林斯（David Collins）、罗曼（Roman）和威廉姆斯（Williams）这样的室内设计师都会给予我极大启发。就像彼得·卒姆托（Peter Zumthor）设计的瓦尔斯温泉浴场（The Therme Vals）也给我很多的启迪。和同行切磋也是一个有趣的学习过程。

你喜欢挪威或斯堪的纳维亚的什么地方？

有挪威画家伊曼纽尔·维格兰（Emanuel Vigeland）的博物馆，他也是雕塑家古斯塔夫·维格兰（Gustav Vigeland）的兄弟。古斯塔夫·维格兰为弗罗古纳尔公园（Frogner Park）创作了著名的雕塑，这是奥斯陆的一大艺术秘境。位于比格迪半岛（Bygdøy）的挪威文化史博物馆是一个户外博物馆，展示了挪威的建筑历史。我认为哥本哈根对于设计师来说是一个完美的、极富启迪的地方。还有就是强烈推荐大家去城市郊区卡拉姆堡（Klampenborg）旅游。

你们是否受到某些特定设计师的影响？

我们受到丹麦设计师汉斯·瓦格纳以及戴斯德设计的斯文·伊瓦尔·戴斯德（参见第18页）的巨大启发。我们未来希望可以涉及涵盖更多学科的项目，与家具、时尚，甚至与珠宝相结合。大家都会为实现一个共同的目标而合作。

上图："好消息"（Good News）桌，
卡尔·马里乌斯·斯文设计，
Mokasser生产

右页图："简单柔韧"（EasyFlex）椅，
原型，卡尔·马里乌斯·斯文设计

贝勒
BELLER

拉尔斯·贝勒·费特兰在挪威西海岸长大，很早他对自然界及其材料就产生了浓厚的兴趣，并认识到功能的重要性。如今，他从事室内设计、家具和照明设计，并荣获英国《ELLE家居廊》2013年度新锐设计师（ELLE Decoration UK's New Designer 2013）、2012年年度年轻设计师，以及2014年挪威年度设计师（Norwegian Designer of the Year 2014）等著名奖项。

———————— 问答 ————————

在挪威做设计师的益处是什么？

　　我不认为挪威的设计与世界上其他地方的设计有很大的不同。作为设计师，我们都要面对同样的挑战，我们使用许多相同的工具来解决它们。住在像卑尔根这样的小城市里有一些好处。在这里，视觉噪声要小得多，它们会使我的思想混乱。我也喜欢与人交流，喜欢周围是朋友和熟悉的面孔。老实说，我发现在一个大都市里很难得到灵感，因为我似乎从来没有足够时间去深入研究任何事情。我会发现自己逐渐变成一个更肤浅的人，这导致我的好奇心和创造力渐渐在丧失。我的头脑并不能适应繁忙城市的疯狂节奏，我认为这是很多挪威人都能理解的。如果钻研得够深入，你可能会发现一些真实的、创新的、美丽的东西。这就是为什么我会选择这样生活的原因。

上图："苹果"（Pomme）镇纸，Hem制造

右页图："漂流"（Drifted）凳，2012年，Discipline制造

你的成长经历能和我们分享一下吗？

我2012年毕业于卑尔根艺术设计学院，成立了自己的工作室。成立的第二年创作了自己的第一批作品。"回归"（Re-turned）鸟摆件、"链接"（Link）纺织品和"漂流"系列都是我利用材料来理解和表达事物运作的方式和原理。"回归"的鸟摆件和"漂流"这两个系列现在都是由意大利设计公司Discipline在生产。

你工作中最主要的动力是什么？

自然总是在我的项目中扮演着重要的角色。自然界已经找到了应对所有挑战的解决方案，它

们都是完美的，甚至最小的细节都如此。这促使我加倍努力地为自己的挑战找到最佳解决方案。

你在挪威或斯堪的纳维亚，有特别爱去的地方吗？

当我需要休息的时候，会去游历卑尔根周围的群山。当我在这个令人惊叹的郊野风光漫步时，常会感受到一种无与伦比的平和与宁静。

你的设计通常是如何开始的呢？

每个设计都有其独特的方式，但实现它的工具往往是相同的。设计就是把不同的事物结合在

一起，赋予它们设计师独特的感觉。我倾向于通过研究特定的材料或材料的组合来开始我的设计。我会去调查设计主体的属性和内在品质，并会让我的发现决定设计的方向。到目前为止，我一直在自然材料的世界里进行探索，这个决定帮助我找到了设计的道路、风格和逻辑。我想可以用一句话来全部概括我的思维、我的工作和我的生活方式，那就是"好奇心驱使，自然引导"。

你有没有特别钦佩的设计师？

基本上，任何事情都可能会激发我。所以说出任何一个特定设计师的名字都是没有意义的。崇拜别人会影响你的发展。然而，我真的很喜欢阿尔瓦·阿尔托（参见第20页）、伊玛里·塔佩瓦拉（Ilmari Tapiovaara）和蒂莫·萨尔帕内瓦（Timo Sarpaneva）的作品。我也欣赏新的设计师，

比如阿克塞尔·艾纳·约尔特（Axel Einar Hjorth）和埃德温·海尔思（Edvin Helseth）。

挪威设计面临哪些问题，以及未来的机遇又如何？

挪威设计一直无法比拟邻国的地位，但变革即将到来。目前挪威设计的圈子相对较小，但却充满活力。年轻的设计师们齐聚一堂，分享经验、想法和梦想。我们大都视彼此为同事，而不是竞争对手。我相信这就是挪威设计领域目前能取得成功的原因，我们的环境能让设计师更高效地工作，使我们保持敏锐和灵感，相信任何事情都是可能的。

本页与左页图："触木"（Touchwood），
2014年，Discipline制造

伯恩斯酒店
BERNS HOTEL

老伯恩斯酒店是斯德哥尔摩备受欢迎的酒店，尤其可以在那里近距离感受独具风格的瑞典设计。曾担任5年瑞之锡（参见第26页）负责人的酒店经理伊冯·索伦森（Yvonne Sörensen）特别擅于对细节进行精心打造。

—————— 问答 ——————

请问酒店设计的背景是什么？

我们试图在酒店房间里营造一种朴素的氛围。为了能够实现这种想法，我们混合了新与旧的设计手法，加入了一些国际性的设计元素，一些瑞典设计师也参与了酒店设计。创建酒店时，我们需要考虑到所用物件会更容易磨损，所以这些物品必须比在家里更经久耐用。

酒店设计的主要灵感是什么？

我在2007年加入伯恩斯酒店前，是瑞之锡首席执行官。室内设计哲学是我们很大的灵感源泉。我们试着选择那种可以历久弥新的家具，在房间里创造舒适的环境。我们将不同的颜色、不同的色调和风格混合在一起，还加入了一些有年代的老式物品。

瑞典的设计与其他国家有什么不同？

一般来说，瑞典的设计更干净，没有装饰，而且是"实用思维"的。瑞典设计会主要使用我们现有的可持续发展的材料，如木材和皮革。

上图："罗伯特·伯恩斯"（Robert Berns）套房

右页图：门厅

第70—71页图：餐厅

比格尔1962设计公司
BIRGER1962

玛莱娜·比格尔（Malene Birger）在时尚界工作了25年后，决定出售掉她的玛莱娜·比格尔时装设计公司（By Malene Birger），然后去从事新的设计领域。她新的合资公司比格尔1962（BIRGER1962）已经参加了法国巴黎时尚家居设计展（Maison & Objec, Paris），并被刊登在英国《ELLE家居廊》上。

上图: 哥本哈根陈列室

左页图: 玛莱娜·比格尔伦敦办公室

─────── 问答 ───────

能介绍一下你的新公司吗，你为什么决定成立它？

比格尔1962设计公司是一个新成立的，由项目驱动的设计工作室。在时装界工作了25年后，我觉得需要在一个新的领域创立自己的风格。我喜欢创造完整的概念和思想体系，在这个设计室工作，我可以在家具和其他产品上体现自己的设计理念。我们的目标是与其他创造性领域合作，并在它们之间架起桥梁。我渴望有机会用一种新的方式表达自己的设计思维。

你和其他设计师一起工作吗？

我还没有长期合作的制造商或设计师。自从2014年公司成立以来，我与我的团队仍然是主力。我希望在未来的不同项目上与来自世界各地的创意团队和同行合作。目前我们产品的主要生产制造还是在欧洲。

你为什么决定从时尚走向室内设计呢？

生命很短暂，多年来我一直想从事艺术和室内设计。时尚行业变得越来越艰难，没有休息时间，没有灵感来源。我觉得自己像个工厂不停地忙碌，疲劳得无法承受，所以5年前我决定改变

自己的方向，出售掉我在玛莱娜·比格尔时装设计公司的股票，开始创建比格尔1962。我很喜欢时尚，但现在更喜欢买衣服，而不是设计它们。你永远不知道未来的事情，也许有一天我会再设计服装。

你觉得丹麦设计与北欧以及世界其他国家有何联系呢？

我觉得这很难回答。尽管出生在哥本哈根，但我的风格从来都不是北欧式的，做时尚设计时如此，现在也如此。我的风格是折衷主义和极多主义（maximalist），而不是典型的北欧风格。我更喜欢阿拉伯文化和民族风格。但我确实喜欢干净的线条，白色的墙壁和充足的光线，这是非常斯堪的纳维亚式的。我非常喜欢20世纪70年代的老式家具和灯具，大部分是在美国买的。丹麦20世纪50年代和60年代的设计遗产可能与瑞典和挪威不同，因为丹麦有着一些世界上最经典的家具设计。经典之作会永长存，像芬·尤尔（参见第24页）、布吉·莫根森、汉斯·瓦格纳、阿恩·雅各布森等设计大师制作的经典作品，这份经典名单里当然还有很多其他设计师。旅行以及途中所遇有趣之人都激发着我。艺术、电影和跳蚤市场都是我创意灵感的源泉。

北欧设计对你来说意味着什么？

北欧设计目前是一个非常强劲的潮流，它无处不在。美食和设计尤其受它的影响。它意味着干净的线条、形式、功能、舒适，以及自然的颜色。它是有机的，极简主义的，关注环境的。在我看来，北欧风格似乎缺乏个性，一切看起来几乎都一样，但这只是我个人的看法。我喜欢把不同形象、时代和风格的元素糅合在一起。

你的设计中使用了大量的棕色和黑色，这是为什么？

我不太清楚。这些颜色能让我平静下来，因为我所设计的作品造型很"闹"，所以用中性颜色使造型平静下来。当我住在西班牙的时候，棕色就开始在我身体里生长了，这可能是来自摩尔人的巨大影响。但是我现在开始又对颜色滋生了某种感觉，已经20多年没有拥有这种感觉了。这可能是因为不用每天都看色卡了，之前在时尚领域工作时经常这样。

你目前为止最大的成就是什么？

我在我的时尚品牌上取得了很大的成就，玛莱娜·比格尔时装设计公司做出了足够的成绩，这让我很知足。但52岁的时候，如果我能从零开始，开展全新的业务领域，并且有能力得到一些有趣的项目，与有才华的人一起合作，还有时间实现我的艺术理想，那一定是最伟大的成就了。我还有很多想法，有很多事情想去做。我50岁之前就结婚了，这是另一个令人高兴的成就。

伊米莉亚·博格索斯德蒂尔
EMILIA BORGTHORSDÓTTIR

冰岛设计师伊米莉亚·博格索斯德蒂尔因她的"塞巴斯托波"（Sebastopol）桌而闻名，这是由Coalesse家具公司在2011年的国际办公家具及室内装饰展（NeoCon）推出的作品，当时赢得了金牌。她的作品也曾在意大利米兰国际家具展（Salone del Mobile）上展出。她也是冰岛"三月设计节"（DesignMarch）的倡导者之一。

———— 问答 ————

就像很多冰岛设计师一样，自然环境对你的作品有重要影响吗？

对我设计影响最大的3个因素是自然、社区和冰岛文化。我在冰岛南部海岸的韦斯特曼纳群岛（Vestmannaeyjar）长大。那里四周环绕着山脉、火山、海洋，狂风会吹向你的脸庞，这些令我们对周围的环境有很高的敏感度。每天我们都要和环境抗争，而且必须尊重它。在冰岛，自由成长的儿童时期同样对我有很大的影响，因为它让我梦想和尝试不同的东西。但是，在一个孤立的小社区里成长也有一些缺点，那就是你必须有足够的资源和眼界。冰岛文化对于我的个性和我的目标都有很大的影响。当我处于成长期时，我们的总理是一位有艺术背景的单身母亲，没有人会认为这很奇怪。我认为冰岛文化给了冰岛女性树立了很多信念，性别或环境不会成为束缚。

你就读于哪所院所，毕业后做了什么事情呢？

2009年我毕业于加州艺术学院（Art Institute of California）。我步入设计领域的时间有点晚，因为我之前已经获得了理疗学位，在一家诊所工作了几年。毕业后，我就一直专注于家具设计和家居用品设计。2010年，我被邀请加入伯恩哈特设计工作室（Bernhardt Design Studio），并作为年轻设计师参加了在纽约举办的国际当代家具展（ICFF 2010 in New York）。我的设计作品"塞巴斯托波"（Sebastopol）桌在2011年的国际办公家具及室内装饰展上首次亮相，它是由Coalesse家具公司生产并发布的，这套桌子的设计受我最喜欢的20世纪50年代斯堪的纳维亚设计风格的影响，并且获得了2011年的国际办公家具及室内装饰展的金奖，后又在米兰国际家具展上展出。至此以后，我承接了很多室内设计项目，其中包括设计一个很大的办公空间，还有很多私人住宅和餐厅的设计。目前，我正在开发一款模块化的货架和一款收纳单元。

你的事业是如何开启的呢？

我很喜欢我在Coalesse家具公司的工作经历以及我的设计作品"塞巴斯托波"，它给了我能量和信念，我可以设计出人们想要购买的实用产品。刚开始的时候，我不得不承担一系列的项目来维持业务，不过我一直专注于向市场推广可行产品。这个过程可能很长，有时候我不确定决定是否正确。但你必须保持信念，喝一杯好咖啡，备好素描簿，随时寻找灵感。

下图："塞巴斯托波"临时桌，2009年

你为什么从美国搬回冰岛？

我很喜欢美国并在那里居住了6年，但我们决定搬回冰岛抚养孩子。在项目的概念和原型阶段，在这里工作是很有效率的，因为人们之间的联系是如此紧密，你很快就能找到合适的合作者、供应商或工匠。当涉及提交想法和与公司会面时，我需要去欧洲其他国家或美国，因为冰岛当地的家具生产规模很小。但我们位处这些重要市场之间也有很多的好处。

你觉得有什么新的人才值得关注吗？

在过去的6到8年里，冰岛的设计领域开始了巨大的觉醒。产品设计、时装设计、建筑和平面设计都变得更加强大和无法忽视。其中很大一部分设计师是自2004年以来从冰岛艺术学院（Icelandic Academy of Arts）毕业的产品设计师。

"三月设计节"是从2009年开始的，在此期间，雷克雅维克这个城市疯狂地追求设计以及任何与设计相关的东西。所有这些都有助于创建一个强大的设计师群体，他们在此可以交流想法并达成意想不到的协作。我们应该扩大生产规模，更多出口我们的设计产品，不过这还需要逐步实现。这里有很多有才华的设计师。我喜欢的设计师有德哥·古德蒙斯多蒂（Dögg Guðmundsdóttir）、埃拉·索尔维格·奥斯卡斯多蒂拉（Erla Sólveig Óskarsdóttira）和设计团队 Vik Prjónsdóttir。

你最重要的灵感来源是什么？

自然环境一定是我工作中最强烈的灵感来源之处。在我从事理疗工作的日子里，经常接触人体，我总是惊奇于身体的结构和功能，这都不断地激发我的灵感。

卡托设计
BYKATO

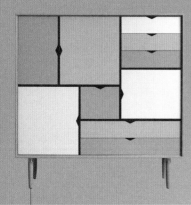

上图:"S3"橱柜,2014年

下图:"S1"餐具柜,2011年

第82—83页图:"芝加哥"(Chicago)椅和 "终极"(Ultimate)沙发床,2011年(左图); "麦迪逊"(Madison)沙发,2012年(右图)

卡尔·罗塞尔(Karl Rossell)和托尼·格 里斯曼德(Tonny Glismand)是卡托设计 (byKATO)的创始人,在家具领域有着丰富的 设计经验。他们是设计生活杂志《Wallpaper*》 2012年设计奖的获得者。最近他们开始与知名 家居品牌Habitat的法国分部进行合作。

你们怎么相识的呢？

我们在以前的工作场所相识，感觉彼此可以一起融洽地工作。托尼在家具行业工作了很多年，卡尔那时在学校深造，在丹麦皇家美术学院学习建筑。不同的经历可以帮助我们在设计过程中从多个角度看待事物。

工作室的主要设计师和制造商都是谁呢？

我们和安德森家具（Andersen Furniture）有着非常密切的合作关系，他们公司生产优质的丹麦家具。我们也和虎牌（Tiger）合作，为虎牌设计了一个自行车篮子。最近我们开始与知名家居品牌Habitat法国分部合作。因此，我们合作的客户很广泛。

你们认为丹麦设计和其他国家有所不同吗？

丹麦设计是关于极简主义和功能性的，它不再是传统意义上丹麦式的。在丹麦或其他设计公司工作的外国设计师，他们现在也是这种设计风格。我们深受丹麦悠久设计传统的启发，多年来我们逐渐认识到我们的设计思想是多么的根深蒂固。但我们也正受到来自世界各地的设计师们的激发。

到目前为止，你们最大的成就是什么？

我们所设计的餐桌作品荣获设计生活杂志《Wallpaper*》2012年设计奖。本书中能介绍到我们也是很值得骄傲的。

你们有什么喜欢去的地方吗？

我们俩都喜欢夏天的哥本哈根。在夏日几个月里，没有什么比哥本哈根更值得一去的了。

北欧设计对你们来说意味着什么？

我们只是非常自豪地成为北欧设计领域的一员。

拉森设计
BY LASSEN

拉森设计是由莫恩斯和弗莱明·拉森（**Mogens and Flemming Lassen**）两位建筑师兄弟创办，这家传统的丹麦家具公司现在已经是非常现代化的公司了，但同时继续关注经典。它仍然归家族所有，纳迪亚·拉森（**Nadia Lassen**）介绍了这家家族公司的成功之处，以及它计划如何迈向未来。

———— 问答 ————

这家公司是知名的老品牌。可以和我们介绍一下相关背景吗？

公司由丹麦最伟大的两位建筑师莫恩斯和弗莱明·拉森所奠基，他们以独特的设计和标志性的建筑获得了许多奖项。今天的拉森设计是一家家族企业，其使命是将公司的遗产传承下去，因为优良设计需靠新生代来延续。

公司的历史给你什么样的启示呢？

我们深受拉森兄弟的激励。他们是丹麦功能主义的先驱，回顾他们所做的事情以及他们为什么这样做是很有意义的。他们不仅是设计师，也是建筑师，他们设计房屋和大型建筑物，还有家具和一些家居用品。我们不能辜负了这个品牌，我们应该为拉森兄弟的品牌尽我们最大的努力，做到最好。

上图： "框"（Frame）收纳盒

右页图： "ML42"凳，1942年，莫恩斯·拉森设计

第二部分 设计公司与设计师

如何将公司的传统理念和风格现代化？

我们大部分所生产的产品是莫恩斯和弗莱明·拉森设计的，但是我们也有设计团队，他们会复兴旧的设计草图，如果它们当初没有被完成的话，设计团队就完成它们。我们也生产属于我们自己的拉森产品。例如，今年我们设计了一张可翻转桌面的"双面"（Twin）桌。

你是如何看待当今的丹麦设计的？

丹麦设计是经典的，讲究功能性和审美。颜色通常很精致，材料上会用木头或是钢。产品简单，没有太多不必要的细节。以"库布斯1"（Kubus 1）烛台为例，它功能简单，没有任何华丽的细节。丹麦有着很悠久的设计传统，我认为这传统可能比北欧其他邻国都要来得深厚。丹麦人通常把大部分收入花在优良的设计上，因为这对我们很重要。

公司最近成功的案例能分享下吗？

每天来自社会上的认可对我们来说意义都很重大。我们非常密切地关注社交媒体，每当有人在照片上贴上"By Lassen"标签时，我们都感到很自豪。我们公司在过去的两年里有了很大的发展，从2名员工增加到12名员工。没有这些支持者们，我们不可能做到这一点。另一项成就是2014年弗莱明·拉森设计的椅子"累坏了的人"（The Tired Man）所取得的成绩。这把椅子以248,000英镑的价格售出，成为拍卖中最贵的一把椅子。

在斯堪的纳维亚有什么地方能激发你的灵感吗？

哥本哈根有很多地方是我喜爱的去处，其中包括丹麦艺术与设计博物馆（Danish Museum of Art & Design）的图书馆，那里经常有很精彩的展览。对我来说，在哥本哈根的花园里漫步也可

以找到灵感，被风景宜人的树木和水景环绕有益于思考。

你是如何看待北欧新锐设计师与拉森这样一家知名公司关系的？

今天的北欧设计对我来说是极简主义的、形象化的、高功能性的。即使产品是批量生产的，也一样拥有良好的品质。我认为有很多了不起的公司专注于北欧设计，而且可以看到如此多的新锐设计师获得成功，这很令人赞叹。年轻的设计师赋予丹麦传统经典设计以现代的优势，我很尊重这一点。

上图："库布斯"碗，1962年，莫恩斯·拉森设计

左页图："库布斯1"烛台和"库布斯"碗

奥拉维尔·埃利亚松
OLAFUR ELIASSON

奥拉维尔·埃利亚松的雕塑和大型装置在国际上享有盛誉。他代表丹麦参加了第五十届威尼斯双年展（**50th Venice Biennale**），并参与了伦敦的泰特现代美术馆（**Tate Modern**）、丹麦皇家歌剧院（**the Royal Danish Opera House**）和位于哥本哈根的路易斯安那现代艺术博物馆（**Louisiana Museum of ModernArt**）、路易威登等其他许多项目。

--- 问答 ---

在两个不同的国家长大是什么感觉？

我出生在丹麦，但父母是冰岛人。当我3岁时，我的父亲搬回了冰岛。我在丹麦的学校上学，但假期我会在冰岛度过很长一段时间，并在郊区体验乡村生活。

你为什么选择在斯堪的纳维亚学习，而不是出国？

丹麦皇家美术学院提供机会去纽约实践，在那里我是艺术家克里斯蒂安·埃卡特（Christian Eckart）的工作室助理。我觉得能在斯堪的纳维亚半岛内外都接受正式的艺术培训是很好的。

北欧设计对你来说代表什么？

北欧设计有能力以一种自然而瞬息的方式感动人。北欧设计的生产中很少有对资源的过度开采。它不是以牺牲我们的世界为代价而生产的，而是为社会而生产的。

上图："歌剧院"（Opera House）水晶吊灯，2004年

右页图：模型室，2010年

你为什么决定从斯堪的纳维亚搬到柏林？

我在1993年搬到科隆（Cologne），因为我认为那里的艺术界比哥本哈根更热闹。在科隆居住期间，我偶尔访问柏林，意识到柏林实际上更鼓舞人心，从柏林诞生的作品会更有趣。所以1年半后，我又搬到了柏林。在20世纪90年代中期，这个城市是一个奋斗艰难和要求很高的地方，但也有很高的人才聚集度。

能否介绍一下你为丹麦皇家歌剧院设计的灯光装置？

2004年，我在哥本哈根为丹麦皇家歌剧院的门厅设计了"歌剧院"水晶吊灯，它是由3个相同的多面球体构成的，也是由同一种玻璃材料制成的，这种玻璃根据光线的照射方式而体现不同的质感，有时不透明，有时透明，颜色也不同。我在很多场合都用过这种材料，比如在雷克雅维克的哈尔帕音乐厅（Harpa concert hall）的外立面和会议中心。球体里面被一系列的小灯泡点亮，它利用人工光和自然光结合的方式，会因观众的位置变动而形成一种视觉动态的效果。观众要想体会其更加生动的光影动态效果，须在作品四周走动一番。

你创办了社会公益项目小太阳。项目是怎么运作的呢？

小太阳（Little Sun）本身就是一件艺术品。2012年，我和太阳能工程师弗雷德里克·奥特森（Frederik Ottesen）一起成立了这个项目，世界上12亿人没有足够电力的供应，这个项目就是解决人对能源和照明的迫切需求。这是一个正在进行的项目，我们已经成功地捐助了85,000盏不需要电力网的太阳能灯。整个项目实际上是从一种感觉开始的。它来自于我们正在进行的一次讨论，我们讨论的是能够将一束光握在手中，并且每个人都应该能够体验到手握阳光的感觉。对我来说，是项目的公益性使之成为艺术。

有没有新锐北欧设计师给了你灵感？

最有趣的设计师是最具实验性的设计师，他们还没有接触到商业市场，作品也没有被市场商品化。目前，我对像比亚克·英厄尔斯（Bjarke Ingels）和亨里克·维布斯科夫（Henrik Vibskov）这样的跨学科艺术家和设计师的作品感到兴奋。

91

大卫·埃里克松
DAVID ERICSSON

居住在斯德哥尔摩的大卫·埃里克松目前在一个跨学科的设计工作室与马库斯·伯格（Marcus Berg）一起工作。他曾参加过许多成功的展览，其中包括德国法兰克福春季消费品博览会（Frankfurt Ambiente）的"新秀"展（Talents），他和他的作品还出现在《时尚生活》（Vogue Living）杂志、《Wallpaper*》杂志以及许多书籍和画廊中。

—————— 问答 ——————

左页图："写字桌"（Writing Desk），2014年，木材之友（Friends of Wood）制造

能否介绍一下你的公司？

在我从卡尔·马尔姆斯滕家具研究院（Carl Malmsten Furniture Studies）毕业之后，2010年成立了大卫·埃里克松设计工作室。我认为当前的时代精神是至关重要的，因为这是一个变革的时代。任何事情都会变化得越来越快，所以我们需要一直关注时代的情绪，才能开发出好的、有趣的产品。我们的设计要满足新的需求，不仅要在短时间内适应市场，而且应尽可能占有市场更长的时间，并可以随时间的变化适应环境。

在你的工作中，什么对你来说最重要？

为未来寻找诗一般的创想，我们可以结合历史和当代的方式，找到未被探索的设计领域。幽默是我工作的一个重要组成要素。

你每天都和什么样的人沟通呢？

因为我是一名设计师，我常与高端家具的制造商合作。我还与大师级的工匠密切合作，用新的方法来诠释我们周围的众多理念，以及我们称之为生活的东西。我们制造的家具不仅可以用很

久，而且还能给生活一个新的环境。我试图找到用错的材料，并把它们用在正确的地方。

瑞典的设计与其他国家的设计不同吗？

瑞典设计已经和其他国家设计没有什么不同了，因为使用简洁灵巧的设计、天然材料等这都是全球的趋势。尽管我们中的一些人不想成为全球设计的一部分，但我们确实身在其中。

北欧设计对你来说代表什么？

北欧的设计已经成为一个全球性的卖点，甚至意大利的品牌也在论及斯堪的纳维亚风格，并在类似的风格中推销自己。也许北欧的设计会继续在世界范围内蓬勃发展，或者它即将消亡。

"提升一切"设计工作室
EVERYTHING ELEVATED

这个位于布鲁克林的设计工作室是由两位挪威设计师经营的，他们都有与世界各地知名公司合作的经验。今天，他们以国际的角度来看待挪威的设计，并把注意力集中在他们能提升的一切方面，创造出诸如桌子、镜子和木制鸟类等产品。

右页上图："滨鸟"（Shorebird）、"天鹅"（Swan）和"鸭子"（Ducky）摆件，诺曼哥本哈根制造

右页下图："钝化项目"（Passivation Project）桌，2014年

下图："午夜太阳"（Midnight Sun）灯，2014年

———— 问答 ————

你们在美国从事设计，但是来自挪威。这两个国家有什么区别？

我们喜欢把这两个国家看作是最好的两个设计环境。在挪威，我们接受了斯堪的纳维亚传统设计培训，重点是尊重材料的品质和真实性。在纽约，我们与世界上顶级的公司进行合作，从产品开发到安装、形象识别、品牌战略和工程，这一切要求我们具备一个庞大的专业网络，使我们能够以多学科的方式开展工作，并为我们的合作者提供过去只有从那些最大的公司才能获得的宝贵工作机会。

能介绍一下工作室的组成吗？

目前我们有很多经验丰富的挪威设计师，他们分别在奥斯陆、卑尔根、里斯本和纽约接受过专业教育。在加盟工作室之前，大家为挪威和美国的顶尖设计师工作过。考虑到各自的专业性和经验，我们决定不以个人名义去发展事业，而是把积累的知识结合起来，建立一个工作室，它可以提供相关的战略性的设计服务，并发展成为一家专注于提供服务的公司，而不是强调服务背后的个人。

什么人或是什么事情会给你们带来启发？

人和哲学最能带来启发。作为设计师，我们欣赏美和发展新的想法，但总的来说，我们试图

从事物整体上来了解所有的要素是如何结合在一起的，以及我们如何运用设计来提升它们。

你们在斯堪的纳维亚有可以激发灵感的最喜欢的地方吗？

很明显，斯堪的纳维亚人享受户外活动和简单生活的传统对我们非常有益。有时退一步，让头脑反应和深入思考，这为解决问题提供了重要的视角。重温历史就像打开一个被遗忘的知识宝箱，去博物馆，比如赫维科登（Høvikodden）的海涅-翁斯塔（Henie-Onstad）艺术中心，或者奥斯陆的挪威科学技术博物馆（Norwegian Museum of Science and Technology），都有助于学习和激发灵感。

你们是如何开始开发一个新项目的？

了解项目的过去和正在发生的一切对于我们的设计实践来说是很重要的。对于任何项目或合作，我们都会对其进行深入的研究和分析，以确保能够正确地挖掘出最大的潜力。对我们来说，设计只是以最好的方式提升战略潜力、创造长期价值的最后手段，设计势必将在历史上占有一席之地。

有其他挪威设计师启发了你们吗？

我们喜欢的挪威建筑师之一是托德·桑德斯（Todd Saunders），他实际上是加拿大人，但住在卑尔根。你在挪威各地都可以找到他的作品。当我们回挪威的时候，我们最喜欢去的地方就是他所设计的令人惊叹的艾于兰（Aurland）的观景台。

挪威设计界现在面临的挑战是什么？

　　在一个设计产量很少的国家，年轻设计师面临的巨大挑战显然是在国内是否能找到相关的合作者和客户，这迫使他们去挪威以外的国家寻找机会。幸运的是，这引发了挪威设计师之间的合作文化，彼此把对方当作合作者而不是竞争对手。合作精神在很多方面都帮助挪威的设计发展到今天如此良好的状况。我们相信未来会继续向国外扩展。总会有人站出来，发挥这些设计师的最大潜力来振兴工业。

左页图："钝化项目"镜子，2014年

下图："钝化项目"储物器

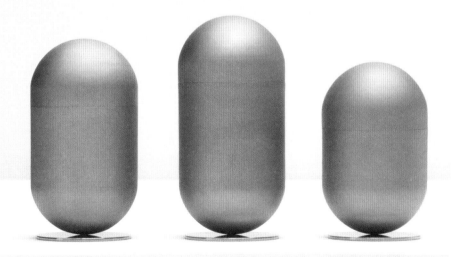

法里德
FÆRID

这个由特伦·汉内斯多蒂（Thorunn hannes-dóttir）领导的设计工作室一直受到冰岛传统民间故事的影响，并生产好玩的产品，这些产品在冰岛的15家商店都可以购买到。在2014年，法里德还参加了伦敦百分百设计展（London furniture fair 100% Design）。

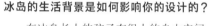

问答

冰岛的生活背景是如何影响你的设计的？

在冰岛长大的孩子有很大的自由空间。小时候，我们大部分时间都在户外活动，比如看化石、收集石头、钓鱼、摘浆果。在夏日的户外旅行中，爸爸会给我讲一些民间故事，这些很神奇的故事一直伴随着我。我们还会观察不同的岩石，讨论形成它们的熔岩类型等等。我小时候有点与众不同，对这一切都很感兴趣。我对材料的选择大概是受到我成长经历的影响。我喜欢在产品中使用高质量的材料，总是尝试选择天然的材料，或者用某种与冰岛有相关性的材料。在全国各地旅行的经历启发了我的设计，我喜欢创造任何形状或形式的东西，不管是在烹饪、烘焙方面还是在建筑方面。

你是如何从学生变成独立的设计师的？

我在雷克雅维克附近的哈夫那夫约杜尔的技术学院（Technical College in Hafnarfjordur）学习艺术和设计，我很幸运能在伦敦中央圣马丁学院（Central Saint Martins）进修产品设计专业，并获得了学士学位。

2008年，我毕业后就搬回了冰岛，而且参加了所有我能找到的设计竞赛。当时几乎没有任何设计方面的工作，但我一直想做这行，并不想放弃。我为正在创业的公司进行无偿的设计，并在

左页图及下图："伯格"（Berg）套几

99

我能找到的任何与设计相关的工作中提供服务。我在冰岛一家刚刚成立的设计公司当实习生，他们能让我做一些志愿工作，比如让我组织了几年的"PechaKucha之夜"（这是一个非正式的活动，来自不同行业、有创意的朋友聚会在一起分享他们的想法、作品、思想或者见闻）。这个经历对我来说是一次很好的工作体验，让我有机会见到来自国内外的企业家、设计师、建筑师和艺术家。

在金融危机期间成立一个设计工作室会有什么样的感触呢？

在金融危机的时候成立工作室对我们来说是一件很侥幸的事情。当时我在冰岛的姐姐家，设计了我推出的第一批产品（现在还在销售中）。我在第一个设计作品上投资了大约500英镑，这是很大一笔钱，尤其是对一个还有着学生贷款的无业设计师来说。产品最初的两三百件包装是由我、我家人和我男朋友完全手工完成的。从那之后，我通过出售我的设计来维持生活。然后我和朋友郝伯格·英格瓦斯多蒂（Herborg Ingvarsdóttir）和卡琳·埃里克松（Karin Eriksson），一起成立了法里德。我们充满雄心壮志，而且承接了高风险的项目，不过幸运地得到了回报，最幸运的是很快就有了不错的反响和公众影响力，这一切促使我们继续前进。

冰岛的制造业是怎样一个景象呢？

在冰岛生产现代设计产品是相当困难的，因为我们地处偏远。我们的制造商选择也有限，因此，我们在设计新产品时必须跳出固有思维。冰岛的设计产品很难在国际上有崭露头角的机会，而且冰岛的产品市场规模很小，这有时也会阻碍冰岛制造业的发展。但设计在这里发展得很好，充满活力的艺术界给了我成长为一名设计师的动力，我也不想到其他地方从事设计工作，至少现在还不想。这里的制造商也非常乐于尝试新事物，并与设计师合作，这是一个双赢的局面。

有什么冰岛的设计作品你非常喜欢吗？

冰岛在设计方面开始真正觉醒了，我们有一个多样化的艺术家和设计师群体。我最喜欢的一些设计作品是由我的老师索尔可·G·古德门松（Thorkell G. Guðmundsson）设计的。我小时候有一张沙发床就是他设计的产品。我也很爱冰岛伟大的雕塑家奥斯格·斯文松（Ásgeir Sveinsson），他运用不同的方式去塑造自然形态，并给雕塑添加了很多奇思妙想的功能。他的设计可以是非常多功能的，也许这是我为什么倾向于多功能设计的原因。他创造的激情也激励着我。

你在哪里为自己的产品寻找新灵感的呢？

我的灵感来源是日常生活中的小东西。有时候当我开始一个项目时，我喜欢去农村拍照和写生。我更倾向于从大自然中寻找灵感。冰岛的文化背景一直激励着我，促使我更加努力地工作。我也喜欢旅游，了解其他文化和体验新的、令人兴奋的事情。

Frama设计
FRAMA

上图："亚当"（Adam）凳，托克·劳里德森
（Toke Lauridsen）设计

左页图："9.5"椅，B.费科斯（B. Fex）设计；
"T1"桌，A/L/O设计

Frama的设计师们把他们的公司描述为"未完成的项目"。创始人尼尔斯·斯特罗耶·克里斯托弗森（Niels Strøyer Christophersen）解释说，开始时无声无息，但工作总会有最后期限，我觉得这是个很好的激励因素。2014年，Frama获得丹麦设计奖（Danish Design Award）的最佳家具奖。

———— 问答 ————

Frama是如何创办的？

Frama成立于2011年，当时我们在德国柏林的奎比克（Qubique）家具和设计博览会上秀出一个展示空间，不过无人问津。但我们奋起迎接挑战，创造了各种各样的陶瓷、木材、大理石、软木和钢制的物品。通过与设计师、建筑师、印刷师和摄影师的密切合作，我们在几周内意识到了Frama应该做些什么。Frama专注于天然饰面和简单几何形状的固体材料设计，这些是我们品牌的特性。我们经常把Frama称为第三代设计公司。第一代由20世纪50年代的公司组成，这是斯堪的纳维亚设计的黄金时代。第二代是金融危机前几年建立的，第三代则是我们，代表那些后来出现的公司，我们有着完全不同的程序和方式来看待家具设计、艺术、社会，也有不同的价值观念。

你如何确保你的设计彼此互相是有联系的?

我们与不同的设计师、建筑师和工匠合作进行设计,同时也创造自己的设计作品。我们需要每个设计都有很强的个性特征,也需要它们可以成组或在任何特定空间与其他家具能够搭配,这都很重要。我们的创意灵感来自艺术、建筑、城市空间和户外。我们设计的方向定义为两个极端之间的对话:古典和现代设计方法,介于数字和模拟生产。跨领域的工作对我们的产品和公司都有益处。

你如何选择你的设计师的呢?

我们没有特别地去选择合作的设计师。关键是设计项目,以及项目是否有趣,是否匹配我们的设计方法。从这个角度来说,设计师可以来自世界任何地方,甚至可以没有设计方面的教育背景。

你认为丹麦今天的设计和其他国家的设计有什么不同吗?

与其他国家相比,丹麦现代设计有着悠久的历史,这很难一言概之。但总的来说,丹麦的设计侧重于使用天然材料,以及简单的形式,可以激发用户的感受。丹麦设计师可能比其他世界各地的设计师更轻松自在一些,当然他们也试图成为下一个安迪·沃霍尔 (Andy Warhol)。

在创建新公司时,最具挑战性的事是什么?

从一开始就必须保持我们对公司的愿景,不是改变方向或策略,而是在不断进化的同时专注于我们公司自己的DNA。这里一个很好的例子是我们最近与挪威一家涂料制造商的合作项目,我们开发了一种蓝灰色的颜色(圣保罗蓝),这个名字来源于我们的新陈列室,陈列室又位于1878年圣保罗药房 (St. Pauls Pharmacy) 的旧址上。

有没有可以直接体验丹麦设计的好地方?

到距哥本哈根15分钟车程的郊外参观奥德罗普格园林博物馆会是很好的设计体验活动。因为那里没有路易斯安那现代艺术博物馆那么拥挤。博物馆在历史和现代之间找到了一个很好的平衡点,也很国际化,但是以一种随意的丹麦方式表现。那里的主建筑于1900年开放,博物馆现代附属建筑是由扎哈·哈迪德 (Zaha Hadid) 设计的,于2005年完成。我们觉得,这是她最好的作品。这两座建筑很有强的对比性,但彼此又结合得很好。芬·尤尔(参见第24页)故居是我们喜欢的另一个体验丹麦设计的好地方。

新北欧设计对你来说代表着什么?

新北欧设计代表了一种诚实的表达,用的是当地生产的真材实料。在制造的过程中,有一个宗旨贯穿始终,就是让用户体会到真正的天然材料,甚至每块材料都是不尽相同的。

Futudesign 设计
FUTUDESIGN

芬兰设计工作室**Futudesign**的发展速度非常快。工作室涉及的领域很广泛，从设计门把手到城市总体规划都有所涉猎。他们在赫尔辛基设计了**Bronda**餐厅，还设计了一家艺术旅馆，并在芬兰电视台上有自己的城市规划节目。

---------- 问答 ----------

Futudesign是如何发展起来的呢？

Futudesign是赫尔辛基的一个新兴建筑设计工作室，设计业务涉及城市、建筑、室内设计和产品等方面。Futudesign背后筹建的故事要更久远一些。很久以前，在Facebook和Twitter之前，有一个地下网络论坛，供年轻的设计师和建筑师交流，他们大多来自赫尔辛基地区。这个论坛是匿名的、不受控制的、无政府主义的、边缘的。这里被称为Futudesign，这是我们能想到的设计工作室最傻的名字。多年过去了，人们转向其他社交媒体，而且这个网络论坛也逐渐失去众人的关注。但是论坛中一群志同道合的设计师需要一个工作空间，工作也开始滚滚而来，于是大家一起筹备起了工作室。所以就自然选择Futudesign作为设计工作室的名字。

虽然最初是边缘化的，但你们似乎已经变得更主流，这是什么原因呢？

是的，我们喜欢新技术，比如编程、数控、激光切割机和3D打印机；我们也喜欢天然材料、传统建筑技术和永恒的美。我们喜欢钢结构、混凝土和建筑工地；我们也喜欢木材、钉枪和圆锯。我们喜欢瑞士、荷兰和丹麦的建筑；我们关心自然，但不相信一切都应该人工优化。我们喜欢简约和（共享）奢华。有时平淡是好事，有时并不是。我们喜欢快速、高效和精确。我们对理论感到困惑，但却不断地试图进入更高的抽象层次。我们知道设计很复杂。我们喜欢航海、远足和高山滑雪，还有嘻哈、艺术和流行音乐。

你们如何看待现在的设计和设计师？

现在世界各地的设计师和他们的品位都很相似。东京和赫尔辛基的潮流设计商店里可能会有相同的东西。当地也没有那么多异国风情的本地产品。建筑也是如此。无论你身在何处，都感受不到地域性。你必须有一个更宽广的视角，并从不同的角度看待受众或用户。

右页图：Farang 餐厅的"人妖"（Ladyboy）吊灯，斯德哥尔摩，2013年

你们认为芬兰的设计过程与其他国家有何不同？

芬兰设计师经常单独工作，或在极小的群体中工作。他们对品牌和市场营销持怀疑态度。芬兰设计师是有创造力的人，设计对他们来说是家常便饭。在设计师的采访中，灵感总是来源于自然界和芬兰式的思考。但在现实中，我们怀疑这些想法或许是来自于知名建筑媒体Dezeen上的观点。我们愿意与广大的国际网络合作。

你们工作室的亮点是什么？

我们工作室的多学科性合作使我们完成了许多伟大的项目，包括与20位最酷的芬兰当代艺术家一起开发位于赫尔辛基的艺术酒店项目。我们在芬兰电视台还制作了自己的城市规划节目"新城市"（Kaupunki Uusiksi）。我们还为斯德哥尔摩Farang餐厅定制了吊灯，吊灯要在餐厅空间的强大结构和亚洲美食之间建立一座美学桥梁。其结果就是"人妖"吊灯，一个兼具优雅和阳刚气质的聚光灯。

嘉宝室内设计
GARBO INTERIORS

由设计师安内利·尤尔曼（Anneli Ullman）
和巴尔布鲁·萨林（Barbro Sahlin）创建的
瑞典品牌嘉宝室内设计（Garbo Interiors）
总部设在斯德哥尔摩的奥斯特马尔姆区
（Östermalm），他们出售灵感来自18世纪
80年代古斯塔夫斯（Gustavian）时期的古
董和设计，还有来自当地达勒克利亚地区
（Darlecarlia）的特色物品。该公司还为酒店和
私人住宅进行室内设计。

右页上图：店铺室内设计，Farrow & Ball
漆的墙

右页下图：卧室室内设计

———— 问答 ————

请问公司的发展背景是什么？

我们在2003年开始经营一家很小的商店，出
售在瑞典南部生产的古斯塔夫斯家具复制品。我
们来自斯德哥尔摩的达勒克利亚地区，那里有着
传统的手工艺生产，并且历史有好几个世纪了。
客户可以从我们的口音中听出我们是从那里来
的，而且他们也想知道我们的家具是否也来自这
个地区。我们开始制作自己的家具，这个灵感来
自达勒克利亚地区的古董物品。我们的小商店经
营了5年之后，被委托设计一家有着100个房间
酒店的室内装饰。我们在这个项目上全职工作了
3年，不得不卖掉我们的第一家商店。当完成这
个项目时，我们创建了目前这个商店，我们有了
更多的商品选择和近600平方米的空间。

你们采购古董和室内设计都是在哪里找到的灵感呢？

我们的灵感来自于我们自己发现的可爱和新
鲜的东西，它们可能来自我们去过的酒店和餐馆，
或者来自杂志和书籍。我们从不去参观设计展览
会，因为我们想关注这些渠道以外的其他事物。

我们的目标是亲自挑选设计并生产独特的东西。
我们坚持认为奢侈的是原材料的品质，而不是黄
金和浮夸。我们主要使用亚麻、木材材料，制作
手绘家具。传统的瑞典手工艺是我们许多产品的
重要组成要素。

你们和哪个设计师或制造商一起工作？

我们和"法国车队"工作室（French Car-
avan）、伊尔丝·克劳福德（Ilse Crawford，参
见第252页）、"哥本哈根木匠"（Köpenhamns
Snickarna）合作过。最重要的是，我们自己生产
的产品和我们销售的其他手工艺品，都是瑞典工
艺、瑞典制造。

对你们来说最重要的项目有哪些？

那个为期3年的酒店项目，从最初概念到完
成的一切过程对我们来说都很重要。那也是一次
很好的学习经历。在李·爱德科特巴黎办事处（Li
Edelkoort Paris office）我们开过"快闪店"，展
示和出售我们自己的羊绒系列商品。

古比家具公司
GUBI

古比家具公司于1967年在哥本哈根成立，如今的负责人雅各布·奥尔森（Jacob Olsen）是公司最初创始人的儿子，他通过进军概念商店和时尚业，将品牌发展推向了一个新的高度。这家公司位于一个老烟草工厂，并获得了很多知名的设计奖项。该公司设计的一款椅子被纽约现代艺术博物馆永久收藏。

---------- 问答 ----------

能介绍一下你们公司的发展背景吗？

古比是由我的父亲古比·奥尔森（Gubi Olsen）和母亲莉丝贝特（Lisbeth）创立的。我于2001年接手，最初着重于既有客户和办公家具市场。2011年我们推出了一个新的战略，以具有标志性的设计为重点，其中包括我们自1930年就有的"贝斯利特"（Bestlite）照明系列和获奖的"古比"椅系列。我们的目标是用这两个系列与20世纪的设计师们架起一座桥梁，他们有着与早期大师一样的设计思想和领悟力。

如今你们是如何与年轻设计师接触的？

我们只和少数年轻的设计师合作，因为我们发现公司和设计师之间保持对设计和商业之间化学反应的共同理解非常重要。我们与丹麦、意大利的设计双人组 GamFratesi 正在进行合作，而且即将推出与德国设计师塞巴斯蒂安·赫克纳（Sebastian Herkner）合作的设计系列。我们也在复兴我们自己的传统设计，其中包括格蕾塔·格罗斯曼（Greta Grossman）和克斯廷·霍姆奎斯特（Kerstin Holmquist）的设计。

左页图："波拿巴"（Bonaparte）椅和脚凳

你对丹麦的设计有什么看法？

丹麦设计有着大众化且讲究美学的设计方法，还有着耐用的材料和高水平的功能性，这些都是我们设计遗产非常重要组成部分。丹麦设计简单但有特色，当然，木材也是丹麦设计中必不可少的一个组成要素。

哪些是公司最重要的里程碑事件？

从20世纪40年代到60年代，丹麦涌现出很多很优秀的家具设计。2003年我们推出的"古比"椅对公司来说是非常重要的里程牌事件。这是我们第一款被收藏的设计作品，这是第一个使用新的3D贴面技术制作的椅子。它于2004年被纽约现代艺术博物馆永久收藏，现在也是丹麦艺术与设计博物馆（Danish Museum of Art and Design）的藏品。这是公司非常重要的成就，因

为在20世纪50年代和60年代丹麦设计黄金时代之后设计的椅子，很少能够作为藏品进入纽约现代艺术博物馆了。

你在哥本哈根最喜欢的地方是哪里？

我住在丹麦艺术与设计博物馆附近，那是我在哥本哈根最喜欢的地方。那里的图书馆和不断变化的展览总是让人心驰神往。哥本哈根是一个拥有众多设计梦想之地的城市，我们非常荣幸拥有它们。

本页及右页图： "小型侦察机"
（Grasshopper）灯，格蕾塔·格罗斯曼设计；"波拿巴"沙发

古尼·哈弗斯坦斯特里
GUÐNÝ HAFSTEINSDÓTTIR

古尼·哈弗斯坦斯特里（**Guðný Hafsteins-dóttir**）在冰岛艺术和工艺学院（**Icelandic College of Art and Crafts**）的学习和曾在丹麦、芬兰和匈牙利工作的经历对她的陶瓷设计都产生了一定影响。自 **1996** 年以来，她曾参加了 **30** 多个展览，为她的工作赢得了几项相关的资助和奖励。

———————— 问答 ————————

在冰岛生活长大是否影响了你的设计？

我出生并成长于西人岛（Westman），海边有着各式渔船与鸟类，故乡的生活应该是影响了我的设计。例如，我为处于雷克雅维克港口旧区的 Mar 餐馆设计了一套餐具，主要灵感来自海洋和野生动物，像鸬鹚。这套餐具的名字、形状和颜色都来源于这些灵感。餐具有着多种色调的棕色、橙色和黑色。这些色彩很协调，它们与冰岛，特别是西人岛著名火山岩和熔岩的色调相似。

你是如何登上成功舞台的呢？

我曾受过成为纺织历史教师的大学教育培训。后来，我又做了几年的童装设计，还教过书。但在过去的 19 年里，我一直在用黏土做作品。现在，我的时间都用在教学和工作室的工作上。我相信我的作品是受到了我教育背景的启发和影响。我的作品往往带有历史和民族的内涵。

右页上图："舞蹈：吊灯、灯和漂流灯"展览，玛格丽特·古德纳多蒂（Margret Gudnadóttir）设计

右页下图：冰岛艺术和工艺学院展览中的花瓶

你为什么决定在冰岛建立工作室？

从艺术学院毕业的那年，因为对未来抱着乐观和新奇的态度，我决定开一家画廊和工作室。另外两个陶瓷专业的毕业生决定和我一起做，这样才能够负担得起所需的瓷窑和设备。我们慢慢地建立了一个设备精良的工作室，现在我和其他7位艺术家一起分享这个工作室。我们在这里已经工作了19年之久。

你在这样一个偏远的地方从事设计是什么感觉呢？

我不觉得冰岛是偏远的地方，部分原因是因为互联网，部分原因是从冰岛飞往欧洲或美国的任何地方其实只需要几个小时。从另一方面来说，这是一个居民稀少的岛屿，本土市场确实很小，我们离大的买方市场很远。在冰岛也很少有工厂可以生产我们的设计，也没有一家工厂能制造陶瓷制品。但我从来没有参加过冰岛以外的其他设计群体。我很喜欢大家都彼此熟悉并且很亲近的状态，这样大家既能相互提供巨大的支持，又能互相竞争。

冰岛设计的历史给你现在的作品带来什么样的影响呢？

这是一个不太好回答的问题，因为冰岛的设计还很年轻，研究产品设计和建筑还不到10年的时间。冰岛的陶瓷生产只能追溯到1946年，因此，设计师必须在国外接受相关教育。不过正因如此，大家带回了丰富的有关设计的潮流和发展理念。当地设计群体共同使用和管理冰岛设计中心。在一年一度的"三月设计节"上，会有来自不同协会的设计师参加，并在全市各地举办展览，期间会举行100多项活动。这个节日对公众来说是一个很好的教育，使设计更贴近人们生活，当

然也增强了他们对设计的理解。至于我最喜欢的
建筑师，我不得不说出的名字是郝格纳·西格哈
德多蒂（Högna Sigurðardóttir）和曼弗雷德·维
尔汉姆松（Manfreð Vilhjálmsson）。

你从哪里获得设计灵感？

　　我的灵感来自四面八方：周围的环境、书籍、
时尚、建筑和周围的人。我的学生也是我灵感的
源泉，因为他们有着乐观和天真的世界观。

本页及左页图："斯卡弗尔"（Skarfur）系列的碗和花瓶

Hay 家居
HAY

这个受欢迎的丹麦品牌是由现在的创意总监罗尔夫·海伊（Rolf Hay）于2002年推出的，他们的一系列家具被科隆国际家具博览会收藏。该公司鼓励年轻而优秀的设计人才创造功能性且价格合理的产品。Hay获得了2014年的《Wallpaper*》设计奖，其他所获奖项至今已超过16个。

--------- 问答 ---------

Hay创建的起源是什么？

Hay创建目的是着眼于现代生活和先进的工业制造而创造出现代的家具。这仍然是我们今天发展的目标。我们致力于具有国际吸引力的家具和配件的设计和生产，我们努力使尽可能多的人能够使用优良的设计。我们的灵感来自于建筑结构和时尚，我们将其与耐用、优质的产品结合在一起，从而提高产品附加值。我们希望与世界上最有才华、最好奇、最勇敢的设计师合作，不断创造出简洁、实用的和富有美学的设计作品。我们新的联合品牌"Wrong for Hay"在2013年伦敦设计节中首次推出了系列作品。该品牌是由英国设计师塞巴斯蒂安·朗（Sebastian Wrong）牵头创立，他的工作是培养新的设计人才，并与他的设计团队一起开发尖端产品。我们公司也希望打造一个互补的国际品牌，新品牌更兼收并蓄，更有异国情调和实验性，正如塞巴斯蒂安在伦敦总部所表现的一样。

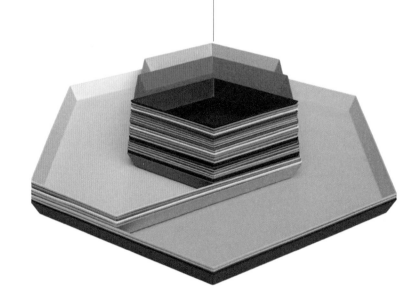

左页图："万花筒"（Kaleido）托盘，克拉拉·冯·兹韦格贝克（Clara von Zweigbergk）设计

本页图："哥本哈根"（Copenhague）办公桌，罗南（Ronan）和埃尔万·布卢莱克（Erwan Bouroullec）设计

第122—123页图：精选的椅子和桌子，包括"关于一张躺椅"（About a Lounge Chair）系列设计

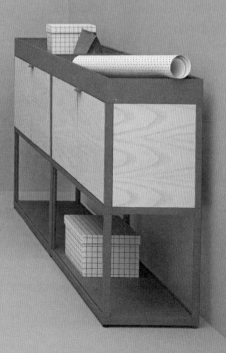

在开发新产品时，品牌是否也与其他独立的设计师合作？

我们和很多设计师一起工作，他们在设计和开发产品方面都是非常有才华的，这意味着可以把我们的系列产品提升到一个全新的水平。目前，我们正与斯蒂芬·迪茨（Stefan Diez）、罗南和埃尔万·布卢莱克兄弟一起工作，与他们合作一直是我们梦寐以求的。我们多年来合作的设计师还包括克拉拉·冯·兹韦格贝克、海·韦林（Hee Welling）、斯科尔滕&贝金斯（Scholten & Baijings）、谢恩·施内克（Shane Schneck），还有很多其他设计师。我们还与许多设计新手进行合作，他们可能没有丰富的经验，但他们有锐意进取的创业精神。

斯堪的纳维亚的家庭为什么如此注重简约？

在丹麦，在斯堪的纳维亚，我们会在家里度过很长的时间。我们的成长环境有良好的设计传统，这使得年轻一代对创建一个美好的家非常感兴趣。一直以来，人们对物品的材料、简洁性和日常使用都有着很多的注重。

Hay品牌在设计领域中的主要成就是什么？

还没有一个具体的事件称得上是很主要的成就。总体来说，我们的主要成就是能够以良好的价格设计和开发高质量的产品。一个新的设计需植根于社会的变化和我们的生活方式。今天的日常生活是我们最大的灵感。

你们如何看待今天新北欧设计？

新北欧设计是美观的、功能性的、使用周期长的，但这些也适用于大多数其他地区的设计。我们与来自许多不同国家的设计师合作，而不仅仅是北欧国家，我们并不认为自己是单一的丹麦或北欧的风格。

本页及右页图："新秩序"（New Order）收纳系统，斯蒂芬·迪茨设计

SP34精品酒店
HOTEL SP34

布勒克纳（Brøchner）酒店的拥有者梅特·布勒克纳-莫滕森（Mette Brøchner-Mortensen）在哥本哈根市中心创建了一家价格合理的设计酒店。这个酒店以丹麦设计传奇汉斯·瓦格纳和南纳·迪策尔（Nanna Ditzel）的家具为特色，同时被《Wallpaper*》杂志列为热门。

上图："猎人"（Hunter）灯，
尼克拉斯·霍夫林设计

左页图："库巴"（Cuba）椅，
莫滕·格特勒（Morten Gøttler）设计

—————————— 问答 ——————————

能介绍一下你们的业务背景吗？

布勒克纳酒店是1982年由汉斯·布勒克纳（Hans Brøchner）和妻子贝里利奥特（Bergliot）建立的家族连锁酒店。这对夫妇从1家有53个房间的小旅馆开始创业。在2013年之前的31年里，他们把业务扩展到了4家酒店。2014年创立了SP34精品酒店（Hotel SP34），对外开放的有118个房间、会议设施、1家电影院、2家餐厅、4家酒吧和1个屋顶露台。

你们的主要灵感来自哪里？

我们的灵感主要来自旅游，来自我们参观的其他酒店、餐馆、博物馆和画廊，还有我们阅读的书籍和杂志。我们也忠于我们的建筑历史和环境，并从酒店所处的哥本哈根拉丁区（Latin Quarter）的圣彼得大街（Sankt Peders Stræde）中汲取了很多设计灵感。

能介绍一下你们主要合作的设计师和制造商吗？

我们与建筑师莫藤·赫泽高（Morten Hedegaard）合作，但其实对设计师或产品没有偏好。SP34精品酒店所用设计作品都来自丹麦设计大师，例如汉斯·瓦格纳、南纳·迪策尔、尼克拉斯·霍夫林（Niclas Hoflin）和英厄·萨默（Inge Sommer），甚至还有一个来自瑞典的旧谷仓。需要提及的制造商有卡尔·汉森家具（Carl Hansen）、希卡比设计（Hekabe Design）、鲁宾和卡贝（Rubn and Kabe）。

丹麦的设计与其他国家有何不同？

丹麦的设计造型简约，线条非常干净。这是一种低调的奢华。例如，除了会议桌，酒店里所有的椅子都是用木头做的。我们相信北欧设计是简单和细节的终极结合。

到目前为止，你们最大的成就是什么？

SP34精品酒店的设计和推出是我们的一大成就。我们对想要实现的目标有了清晰的了解，并取得了成功，这是一项伟大的成就，我们非常满意。酒店引起了设计爱好者、游客、合作伙伴和高知名度杂志的极大兴趣。而且还获得了许多其他令人惊异的成绩，最令人兴奋的是SP34精品酒店被《Wallpaper*》杂志和《时代》杂志评为2014年十佳城市酒店之一。

在斯堪的纳维亚有什么的地方能激励你吗？

斯德哥尔摩一直是一个很值得去的地方，那里有很多设计很好的餐馆和旅馆。但是去丹麦乡村看一看也是很美好的事情。我最喜欢的地方之一是斯维科夫·贝德酒店（Svinkløv Badehotel），那里既有低调的奢华又有美味的食物。柏林也非常令人振奋，但它不在斯堪的纳维亚。

北欧设计对你来说代表着什么？

对我来说，北欧设计体现了我们周围的环境，比如木头、石头、冰、毛皮等等。我们忠于我们的历史。北欧设计的颜色是"冷"的，而木材是温暖的，感觉仍然是舒适和亲切。简单、细节和舒适共同组成了北欧设计。

上图： 客房床和灯具，尼克拉斯·霍夫林设计

右页图： 家具，汉森父子家具公司制造；吊灯，尼克拉斯·霍夫林设计

斯德哥尔摩HTL酒店
HTL STOCKHOLM

这家位于斯德哥尔摩的酒店完全是北欧式的设计，项目建筑师为汉娜·库塞拉·文格林（**Hanna Kucera Wengelin**），她来自斯德哥尔摩概念设计（**Koncept Stockholm**）。她的客户斯德哥尔摩HTL酒店（**HTL Stockholm**），计划在未来几年在斯堪的纳维亚开设20多家连锁店。

--------- 问答 ---------

你能介绍一下酒店设计的背景吗？

我们对现代旅行者在酒店体验中所追求的东西进行了大量的思考，并试图找到所有实现它们的关键因素。我们所保留的东西都是经过精心挑选的，关注的是每一个细节，以及形式、质量和功能。我们想要为我们的客人创造一个平静、放松、充满活力的场所。

在设计酒店时你的灵感是什么？

我们从时尚界寻找灵感，在项目的早期，我们的方向是"像一件带花边的羊绒毛衣"这样的感觉。这是对品质持着一种轻松的态度，比如穿西装搭配着运动鞋，或者晚装加入运动装的细节。我们想要的家具是时尚和惬意的风格，但有着基本的几何形式。我们的设计使用了最先进的材料，而且注重细节。

瑞典设计对你意味着什么？

瑞典有着强大的功能主义传统，我们所设计的作品就遵循了这一传统。瑞典人希望事物是舒适和惬意的。我们是室内爱好者，因为我们有半年时间都待在室内。

上图：浴室室内设计

右页图：客房

第二部分　设计公司与设计师

130

你是怎样选择家具和室内装饰的？

因为我们希望这种运动的、功能主义的、时尚的感觉渗透到整个酒店，我们设计和选择具有简单线条的家具，把使用有特色的面料和图形作为一个设计重点。大多数家具都是针对HTL酒店定制设计的，这既是一个品牌形象问题，也能达到我们设计所期望的效果。

到目前为止，你最大的成就是什么？

在最初的4个月里，酒店接待了来自80个不同国家的客人，并且在猫途鹰等网站上占据了斯德哥尔摩酒店排行的榜首。在很短的时间内我们在社交媒体上获得了大量的反馈和评论，这都是基于我们的客人对酒店设计细节和品质的赞赏和肯定。

斯堪的纳维亚你最喜欢什么地方？

如果你要去斯德哥尔摩，我建议你去Magasin 3当代艺术中心或摄影博物馆，这两个地方都会举办令人赞赏的展览。我会去逛Krukmakargatan大街的Papercut书店，他们什么都有，包括很多的精选电影。我常在史威登堡街（Swedenborgsgatan）的约翰 & 尼斯特伦（Johan & Nyström）喝咖啡，去年它被瑞典权威餐饮指南《白色指南》（White Guide）评为瑞典最佳咖啡馆。如果你想去斯德哥尔摩郊外漫游的话，哥特兰岛（Gotland）的法布里肯·福里兰酒店（Fabriken Furillen）是个神奇的地方。或者参观哥德堡的家居设计商店Artilleriet，那里销售有趣的家具和设计。

北欧设计对你来说代表着什么？

北欧设计有很强的特性。在过去的10多年里，新一代的瑞典建筑师和设计师渐渐成长。他们并没有抛弃功能主义的设计传统，而且已经赋予了它更精致的美学理念。新的设计作品既可以是前卫时尚的，也可以是功能性的。这样的北欧设计令人振奋。

亨廷和纳鲁德
HUNTING & NARUD

公司位于伦敦，挪威裔艾米·亨廷（Amy Hunting）和奥斯卡·纳鲁德（Oscar Narud）参与了伦敦设计博物馆的设计项目，还参与了由《Wallpaper*》杂志和挪威设计委员会（Norwegian Design Council）2013年在伦敦萨默赛特宫（Somerset House）举办的斯堪的纳维亚时尚展的设计项目。

———— 问答 ————

作为挪威设计团队，你们觉得在伦敦工作感觉如何？

在伦敦工作竞争很激烈，同样的事情有许多的人想做，但这也意味着有更多的机会。在这里感觉设计领域更广阔，从中会感受到不同的氛围。比如在设计画廊，限量版作品是面向收藏家的。挪威并不存在这样的情况。我们大部分的作品都不是大规模生产的，这就使我们乐于去探索不一样的制作方法，并可以很自由地制造没有办法大规模生产的产品。

你们的背景可以介绍一下吗？

我们都来自挪威，在丹麦和伦敦学习，然后在伦敦相识。在独立工作多年之后，我们几年前联合起来，成立了亨廷和纳鲁德设计公司。自从我们开始合作以来，我们的作品开始有了改变。突然间，我们两个人风格在设计作品中融合，我们很满意这种合作状态。

你们是如何找到灵感的？

"灵感"是一个很难描述的词。当设计过程充满了艰辛和付出时，灵感听起来是那么的梦幻和浪漫。我们把人类的行为、制造过程、材料以及物体如何与空间互动作为我们设计的出发点。我们努力创造出具有强烈空间冲击力的设计。

本页及右页图："顶点"（Apex）桌，2014年

你们在挪威或斯堪的纳维亚最喜欢的地方是哪里？

住在另一个国家真的会让你留恋祖国的平原、峡湾和山脉这样司空见惯的风景。我们环游了挪威的西海岸，迷恋那里迷人的风景。我们也喜欢去山中小屋，躲避世界那么几天。

你们的设计过程是怎样的？

设计过程通常以激发我们好奇心的东西开始，然后我们开始进行相关调查。这个过程中，一般会有很多想法出现，然后进行讨论，绘制草图，做出作品。之后可能失败，会想放弃，陷入绝望，而后又对这一设计再次感到兴奋，然后讨厌它，会再次尝试……循环往复直到我们都满意的结果出现。

有什么斯堪的纳维亚的设计师给予了你们灵感吗？

我们并不会真正地向设计世界寻求灵感，如果那样的话，一切设计看起来都将很相似。但重要的是，在挪威有非常强大的设计群体，在那里的每个人都互相支持和鼓励。我们做团体展览，会在展览会上彼此见面，大家相处得都很好。

你们如何看待挪威设计的未来？

挪威设计现在处于令人兴奋的时期，似乎在信心和成熟度方面都在不断地成长。对我们来说，没有特别醒目的设计史是件好事，因为它意味着我们可以专注于现在，展望未来，而不是沉溺于过去。

Kneip 工作室
KNEIP

斯提安·科恩特韦德·鲁德（**Stian Korntved Ruud**）和乔尔根·普拉托·维伦姆森（**Jørgen Platou Willumsen**）于**2014**年创立了挪威**Kneip**工作室和车间。他们生产简洁的手工制品，设计的重点在可持续性、材料和品质，并支持有前途的制造商。

---------- 问答 ----------

挪威设计对你们意味着什么？

我们认为，挪威设计是通过朴实的方法，用木材、纺织品、皮革和各种金属等天然材料创造产品而独树一帜的。与我们的邻国瑞典、丹麦和芬兰相比，挪威的设计历史相当短，因此在这个概念上，我们没有太多不成文或隐藏的规则去遵守。同样有趣的是，挪威领先的设计工作室和设计师都还比较年轻。

你们怎么认识的？

我们第一次见面是在攻读产品设计学位的时候。从那以后，我们分享着对音乐、艺术、设计、作品和工艺方面共同的兴趣和爱好。正是这种爱好的多样性使我们的设计变得越来越强大。由于在许多不同的领域工作，我们的设计范围也较多样化，包括绘画和数码作品方面，还有简单的室内用品设计。

你们和其他挪威设计师一样，也受到户外活动的启发吗？

不可否认，自然界是我们最大的灵感来源。当我们在奥斯陆生活和工作的时候，城市生活和大自然会形成一种对比，而且我们发现许多有趣的创意想法都来自于这两个极端的碰撞。

右页上2图： 为产品制作手工皮革袋；淡粉和粉蓝色的"几何"（Geometry）烛台

右页下2图： "几何"烛台系列；手工木制勺子的初步制作过程

你们的设计过程是如何开展的？

很难描述我们的设计过程，因为设计项目不同的话过程都会发生变化。我们设计过程的共同之处是，我们对材料的运用都很在行。设计过程通常从收集不同类型的材料开始，我们将这些材料储存起来，这样就可以利用各种形式和形状来进行创造。有时我们会根据一种功能给材料设计出一个形状，其他时候会因工艺而进行设计，而且有时往往只是出于审美的角度去设计。

你们认为挪威的设计将走向何方？

这很难说，但很酷的是，挪威设计在世界各地都表现得很出色，尤其是在我们条件如此困难的情况下。挪威只有少数几个家具品牌敢于去冒险，以创新的方式来运用设计。我们必须寻找发展方向并争取与其他国家的品牌通过合作的形式来发展设计。

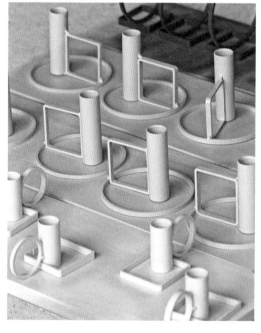

Krads 建筑事务所
KRADS

Krads 建筑事务所由两名冰岛建筑师和两名丹麦建筑师创建，他们是克里斯蒂安·艾格森（Kristján Eggertsson）、克里斯蒂安·厄恩·卡尔坦森（Kristján Örn Kjartansson）、克里斯托弗·尤尔·贝尔曼（Kristoffer Juhl Bellman）和马斯·巴伊·摩勒（Mads Bay Møller）。他们在冰岛、丹麦和纽约都设立了工作室，他们在全球零售空间、餐馆和住宅方面重塑了斯堪的纳维亚文化的形式。

在冰岛的成长经历是如何影响你们的设计的？

我们相信冰岛是地球上最美好的地方，这里的每个人都注定要成为伟大的人物，尽管这种思维倾向似乎会令人陷入轻微的自卑情结。这里有一种创造性的动力，让我们相信万事皆有可能。我们4个合作伙伴分别来自冰岛和丹麦，我们一直保持着对集体的重视，而不是追求个人的成就，我们公司在这两极之间找到了卓有成效的平衡点。

本页及左页图："站台"（Stöðin）公路停靠站餐厅，博尔加内斯（Borgarnes），2012年

在成立Krads建筑事务所之前你们都做了些什么？

我们4个人都在奥尔胡斯建筑学院（Aarhus School of Architecture）学习建筑学，但我们在不同的地方工作实习，包括洛杉矶、布拉格、鹿特丹，还有奥尔胡斯。在学习期间，我们合作参加了许多建筑比赛，并在毕业后也保持了这样的合作。我们在3XN、施密特·哈默·拉森（Schmidt Hammer Lassen）和AART建筑事物所等著名丹麦公司工作了两三年，获得了经验之后我们建立了自己的事务所。

你们为什么决定成立自己的事务所？

这个梦想诞生于我们在建筑学校学习的时期，而实现梦想的机会则来自于2006年，当时我们在冰岛设计零售空间的竞赛中获得了一等奖。由于与冰岛和丹麦有着密切的联系，我们在两国同时开设了事务所，并从那时起一直在这两个地方开展业务。对于斯堪的纳维亚的大多数建筑师来说，赢得比赛是你开始自己实践的唯一途径。这是一个狭小的领域，我们感到幸运的是能够成为其中的一份子。

在这样一个偏远的地方进行现代设计是什么感觉？

冰岛在现实的地理中存在着某种孤立感，这里是大西洋中部的一个岛屿。然而，大部分时间，它并不是我们想象的那么偏远。我们的雷克雅维克办事处位于欧洲和北美之间。在当今全球化和技术驱动的社会里，冰岛感觉不那么孤立，而且更像两大洲的连接枢纽。

能介绍一下"站台"公路停靠站餐厅吗？

冰岛文化在很多方面都受到美国的影响，美国的军事基地在冰岛驻扎了65年。该项目反映了这一复杂的背景关系，参考了美国餐厅的风格，用当地的浇筑混凝土方法进行了对比性的设计处理。外露的混凝土给餐厅提供了一种美式风格中所没有的持久性。建筑内部可以观赏到博加福约杜尔峡湾（Borgarfjörðurf）全景，而餐厅半圆形的曲线形式则契合了外面的车来车往。

冰岛设计领域的特点是什么？

由于冰岛建筑师总是要出国深造才能获得相应的学位，他们实际上已经渗透进了更广泛的建筑领域，使得他们在当地的实践体现了不同的国际影响。由于冰岛的城市化只是在20世纪初才开始（在此之前，人们主要居住在草皮房中），与大多数西方国家相比，我们的建筑历史非常短。因此，我们需要继续重视的一点就是如何定义冰岛的建筑设计特征。

在开始一个新项目之前，你们从哪里获得设计灵感的？

一次公共浴场的放松总是有帮助的，但是项目本身通常提供了大量的灵感。我们会对每个项目的功能、文化和地理框架进行仔细研究，做出相应的美学设计。我们会对每个项目需求进行全面了解，包括确定项目的核心问题和挑战，这样才能把项目所有的潜力挖掘出来。这些都将成为产生强烈设计创意的基础。

乔安娜·拉吉斯托
JOANNA LAAJISTO

在美国一家大型国际建筑公司工作8年多后，室内设计师乔安娜·拉吉斯托决定成立自己的工作室，在赫尔辛基的设计领域留下自己的足迹。从那时起，她在纽约和阿姆斯特丹这两座城市的启发下创造了成功的空间设计，但她仍然忠于她最喜欢的灵感来源：芬兰的大自然。

--- 问答 ---

能介绍一下工作室的背景吗？

我在美国西海岸生活了8年多，2009年搬回赫尔辛基后创建了它。在洛杉矶的一家建筑公司工作的同时，我一直在学习成为一名室内建筑师。我的工作室专注于设计商业空间，包括餐厅、零售和办公场所等。

你设计灵感的原动力是什么？

我的作品兼顾功能和美学。一个空间需要很好的功能运作，但更重要的是，也要唤起人们的情绪。我试着花大量的时间在一个空间里去感受它应该有的心情，然后才能知道它应该设计成什么样子。我喜欢有灵魂的地方。它可以是超现代的，也可以是非常古老的，只要它有这样的感觉。我也从旅行中得到了很多灵感。我喜欢纽约、伦敦和巴黎这样的大城市。我刚从阿姆斯特丹回来，那也是一个很不错的城市。

本页及右页图： Intro 餐厅和俱乐部内部，芬兰库奥皮奥（Kuopio）设计

芬兰设计对你来说意味着什么？

芬兰设计是极简主义和功能主义的，每一件作品都必须在空间中有其应用目的。实用性非常重要，所以我个人的设计也很实用。我的设计从来不仅是进行装饰，但我也尝试在设计中增加温暖感和层次感，这样就不会像一些最纯粹的芬兰设计那样寒冷和平淡。

你的设计过程是什么样的？

作为设计师，我最大的使命是减缓当今设计时代过于急速的步伐。这与博客和社交媒体有很大关系。设计越来越像一次性的快餐。人们很快就会感到无聊，因为他们总是看到同样的东西。他们有不断改变环境和购买新东西的冲动，而这是非常不环保的。我想要设计的对象和空间是最终的，经典并足以成为永恒。你需要克服这些不良趋势，但仍然必须确保设计的新颖和有趣。这是我们设计理念的关键驱动力。

到目前为止，你最大的成就是什么？

我们已经能够为客户构建出经济上和社会上成功的形象、理念，而不仅仅是设计漂亮的场所。我从美国回来时的任务之一是让赫尔辛基变得更加生动有趣，无论是为居民还是游客。通过为零售和餐厅客户进行环境设计，其结果已经证明我们能够做到这一点。每个项目，都让我觉得我们所做的事情有着更大的意义和价值。

你在芬兰有什么特别喜欢的地方吗？

当然是自然风光。我需要经常被大自然包围着，这对我来说是可以让头脑清醒的唯一方法。我和家人在芬兰群岛待了很长时间。我也喜欢在森林里徒步旅行，在篝火上做饭。

如今的北欧设计对你意味着什么？

北欧设计意味着当地的工艺、诚实的材料、生态的价值观和道德的思维方式。

145

利特·利特·伦丁家具
LITH LITH LUNDIN

这家家具公司总部在瑞典托尔斯克（Torsåker）的一个小村庄里。埃里克·利特（Erik Lith）、马丁·利特（Martin Lith）和汉内斯·伦丁（Hannes Lundin）创立这个公司是为反对大众消费主义，并着重供应手工艺品。他们的作品在伦敦设计展（Tent London）、纽约的"法国设计链接"（French Design Connection）展览中展示过，还在米兰国际家具展的"在现实生活中"（In Real Life）展览上有过展出。

--------- 问答 ---------

公司创立的概念是什么？

该公司源于埃里克·利特和汉内斯·伦丁的一个研究课题，当时卡尔·马尔姆斯滕家具研究院的学生在附近方圆50公里内研究可持续性家具生产。这个课题后来形成了我们公司的基础。我们自己设计和制造产品，没有发展与其他设计师的合作。

你们的家具设计作品如何制作？

当我们设计"微光"（Glimm）、"7"（Seven）和"穹顶"（Dome）系列时，我们研究了张拉的结构原理，我们利用材料间的张力和压力形成作品的结构。我们最新设计的椅子"威尔"（Will），使用了绿色木材和木工技术。我们对组装好的椅子进行了干燥处理，利用木材的收缩性构成成品。木材中的自然张力使每一把椅子都与众不同。

右图："威尔"椅

右页图："7"凳

你们是如何定义瑞典设计的？

　　很难说瑞典的设计与其他国家的设计有何不同，因为瑞典国内的设计本身也千差万别。简单和干净的线条通常是作为斯堪的纳维亚设计的特点，我们认为这是一个相当准确的描述。

什么是你们最值得骄傲的成就？

　　我们的工作方式，以及我们从不放弃的工作态度。例如，我们有一个想法，自己制作蛋彩画颜料来给家具染色。我们首先自己播种亚麻来生产亚麻油，然后磨碎老松根来制造色素。在收获、清理、榨油、切碎、烘干、烧松根后，我们就会开始尝试寻找最佳的上色方法。

你们的家具设计背后有什么特别的灵感吗?

　　这是一个很难回答的问题。我们工作的灵感来自哥德堡欢乐的夜晚俱乐部和艰辛的农场工作。由于我们的设计思路进展比较缓慢,所以很难说出一个明确的灵感。它是城市生活和乡村宁静的混合体,这些都给了我们最大的启发。

北欧设计对你们来说代表什么?

　　北欧设计是关于形式和功能的,这两者是紧密联系在一起的。它是简约而直截了当的设计,始终铭记着用户和功能。

本页及右页从左到右:"穹顶""7"和"微光"凳

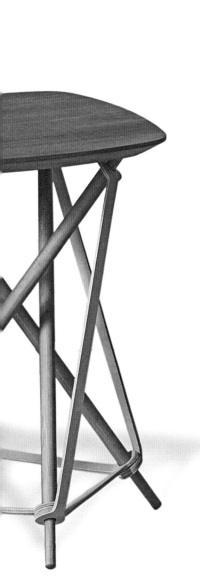

塞西莉·曼茨
CECILIE MANZ

在丹麦皇家美术学院和赫尔辛基艺术设计大学（**University of Art and Design Helsinki**）学习之后，塞西莉·曼茨于**1998**年成立了自己的工作室。她的作品曾在三宅一生设计工作室（**Miyake Design Studio**）、德国维特拉设计博物馆（**Vitra Design Museum**）、阿尔瓦·阿尔托学院（**Alvar Aalto Academy**）和丹麦艺术与设计博物馆展出过，而且她曾获得**2007**年芬·尤尔奖（**Finn Juhl Prize**）、**2008**年柏林艺术奖（**Kunstpreis Berlin**）、**2009**年布鲁诺·马松奖（**Bruno Mathsson Prize**）和**2014**年丹麦王储夫妇文化奖（**Crown Prince Couple's Award**）等多项殊荣。

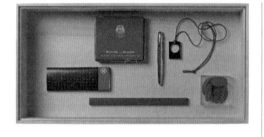

上图："宝盒"（Treasure Box），2003年，丹麦小店Mooment制造

左页图："Beolit 12"音箱，2012年，丹麦视听品牌B&O Play公司制造

—— 问答 ——

能介绍一下公司的背景吗？

我一直以来学习成为一名家具设计师，从丹麦皇家美术学院毕业后，我就立即建立了自己的工作室。我从事家具、照明和工业设计等领域的工作，并生产限量版和孤品。与工业化产品公司的合作，以及不受限制的自由创作实验作品，这两种创作我都很喜欢。

你的主要设计灵感来源是什么？

我自己的生活是一个非常重要的灵感来源。在解决问题或规划某件事情时，关键是要与环境联系起来。你自己怎么用这个东西？你会把它放在你自己的客厅里吗？通常任务本身是设计的关键，解决方案就在其中，当然还有一些艰苦的工作必须要做。

上图: "光谱"(Spectra) 花瓶

右页图: "小世界"(Minuscule)
椅,2012年,弗里茨·汉森制造

现在合作的设计师和制造商都有谁呢?

　　我与许多来自不同领域的制造商合作,像家具、照明、纺织、玻璃、陶瓷等,他们大部分来自斯堪的纳维亚,也有的来自德国和日本。

丹麦设计与其他国家有何不同?

　　我认为丹麦设计着重于细节和在正确的地方使用正确的材料,还有优良的制造工艺。它是一个基于激情的艰苦工作。

北欧设计对你来说代表什么?

　　也许在北欧设计经过"黄金时代"之后,它正在慢慢地重新发现自己,希望它能以一种新的方式出现,这样我们才能避免尴尬的模仿。

克拉拉小姐精品酒店
MISS CLARA

斯德哥尔摩最著名的新艺术风格（**Jugendstil**）建筑，在诺比斯（**Nobis**）集团的首席执行官兼所有者亚历桑德罗·卡泰纳奇（**Alessandro Catenacci**）的指导下，被改造成了独具特色的克拉拉小姐精品酒店（**Miss Clara**）。卡泰纳奇也是斯德哥尔摩许多顶级餐厅和酒店背后的支持者。

右页上图："优越角落"（Superior Corner）客房，席纹木地板

右页下图：客房浴室，豪华感的石灰石

———————— 问答 ————————

克拉拉小姐精品酒店的设计理念是什么？

该设计源于诺比斯集团与格特·荣德建筑事务所（Gert Wingårdh Architects）之间的合作。其目的是将斯德哥尔摩市中心的一所老女子学校改造成一家现代化的酒店，并配备世界级的餐厅和酒吧。这是斯德哥尔摩保存得最好的新艺术风格建筑，在与团队举行了多次会议以确定项目的方向后，设计工作开始了。

主要的灵感是什么？

当然，一个关键的灵感来自于旧时的学校建筑，但设计也是针对酒店特色和功能进行许多讨论后的结果。我们要考虑到酒店的日常运营中如何诚信地服务客人。

你们是如何进行室内设计和家具的选择的？

我们希望我们的酒店能够经典，在较长时间内能保持新鲜感和时代感。要做到这一点，就需要选择耐用的材料和家具，如皮革、石材、木材、石灰石，而且还要曲木的椅子和桌子。

到目前为止，你们最大的成就是什么？

我们最自豪的成就就是创造了克拉拉小姐精品酒店热情和迷人的品质。我们酒店拥有一支令人惊叹的员工队伍，他们给酒店赋予了真正的个性，并为酒店创造了一种无与伦比的氛围。你能感受到这种建立在对酒店的奉献和爱之上的能量。

在斯堪的纳维亚有什么能激励你们的地方吗？

实际上，再开阔一点可以去德国或英国。柏林是一个永无止境的灵感源泉，伦敦和汉堡也是如此。

北欧设计对你们来说代表什么？

可以说北欧的设计一般都代表着明亮的内饰，精心设计的家具和纺织品，以及许多年轻的摄影师和设计师。我们喜欢的是那些能够根据现有条件自主开发的设计师，而不是随波逐流的设计师。

Muuto 家具
MUUTO

上图: "提升"(Elevated)花瓶,
托马斯·本(Thomas Benzen)设计

左页图: "分离"(Split)桌,斯塔凡·霍尔姆设计;
"书呆子"(Nerd)椅,大卫·格克勒(David Geckeler)设计

虽然**Muuto**是芬兰语,其意为新视角,但该公司总部实际是设在哥本哈根,由两名丹麦人创建,负责挑选最优秀的新兴人才,并给予他们自由空间去创新,超越斯堪的纳维亚设计传统。首席设计师尼娜·布鲁恩(**Nina Bruun**)阐述了她对自然和故乡的爱,以及有关**Muuto**新系列产品的设计灵感。

问答

创办一家新的设计公司的动力是什么?

Muuto成立于2006年,由彼得·波恩(Peter Bonnén)和克里斯蒂安·比格(Kristian Byrge)共同创立,他们渴望从全新视角出发制造产品。他们的目标是在产品质量、产品设计以及设计师选择等各方面都达到最高的标准。公司一开始是出售小摆件和照明设计,但从一开始就着眼全球发展。我们的产品非常符合斯堪的纳维亚的设计传统,而且也期望我们的产品可以出口到有这样需求的世界任何地方。

Muuto的产品特点是什么?

斯堪的纳维亚人有着长期的设计传统,在功能和美学上都有卓越的体现,并专注于产品质量和细节定位。一个既成的设计,其所有组成元素都是有考量的。这些设计传统是我们的基因,也是构成我们产品的基础。我们站在我们设计历史的肩膀上,目标是希望通过谱写新的篇章来重振设计遗产。这就是我们所说的"新北欧"。

你们如何选择合作的新设计师？

与一系列设计师一起工作是我们工作的关键部分。这样，我们就能确保Muuto产品总是新鲜的，充满了新的想法。我们选择那些与我们思维方式相合的设计师，他们能够提供我们所期冀的产品外观和感觉。

丹麦设计与其他国家有何不同？

我相信丹麦设计吸引了很多人，因为它在很多方面都是新颖的、令人兴奋的。而且这些年来，斯堪的纳维亚的设计传统一直延续至今。我们的设计是功能性的、诚实的，并有着最高的品质和工艺标准。丹麦设计美学是简洁而富有魅力的，而且我们注重大众化的观念，尽量设计出价格实惠和物有所值的产品。

Muuto发展历史上有什么特别的时刻吗？

到目前为止，我们的历史上有许多亮点。每一次新产品的发布对我们来说都是伟大的成就。因为产品的推出是漫长的开发和设计阶段的终点。每一件产品都是热情和劳动的结晶，饱含着精湛的工艺、卓越的品质和无数的巧思。

第158—159页图："软块"（Soft Blocks）沙发，彼得·斯科斯塔德（Petter Skogstad）设计

本页及右页图："拥抱"（Cover）系列扶手椅，托马斯·本森设计

当你设计新产品时，从哪里获得灵感呢？

我喜欢户外活动，住在哥本哈根这样离自然这么近的地方给我提供了无尽的创意灵感。随着自然的不断变化，景物的颜色、图案和纹理也在不断变化，并不断给人灵感和创意的启发。我喜欢丹麦的北海海岸线风景，还有瑞典的树林和礁石。

如今的北欧设计对你们意味着什么？

对我们来说，北欧设计意味着"新北欧"，这是在我们的设计遗产基础上增加一个新的篇章，它有着前瞻性的雄心，注入新的观点，并采用新的材料、技术和想法，有着优秀的设计思维和当代最好的设计师。一个很好的例子是我们的"拥抱"椅。构想的起点是想设计典型的斯堪的纳维亚扶手椅，但最终采取了"新北欧"的方法，我们增加了一个薄型压制胶合板的弧形套板，这不仅可以作为一个舒适的扶手，而且也构成了可将椅子组装起来的结构设计。"新北欧"也意味着斯堪的纳维亚的思维方式仍然是我们设计基本原则的核心。我们生产民主的、社会的（相对于个人）、平民价位的奢侈品。我们希望每个人都能用得起我们的设计作品。

迪特·布斯·尼尔森
DITTE BUUS NIELSEN

在产品设计方面，迪特·布斯·尼尔森是一位新兴的设计师，她已经在丹麦获得了2个奖项，参加了2次展览。她还获得了丹麦阿尔堡大学（Aalborg University）建筑学硕士学位，并为古比（参见第113页）、宜家做过设计，而且做过VE2的设计咨询。

右页上图："弯"（Bend）灯，2015年，本特·汉森公司推出

右页下图："弧度"（Curv）坐卧两用椅，安德斯·丹克-延森（Anders Dancker-Jensen）联合设计

———— 问答 ————

你为什么想做独立设计？

我作为一个独立的设计师开始创作设计作品，因为想把自己的想法付诸于实际的项目。我觉得把不同的功能组合在一起做出设计作品，用简单、好玩的美学来解决日常问题很有意思。我相信我的想法适合大多数的家庭。现在我很高兴与Trip Trap、本特·汉森公司（Bent Hansen）以及家具品牌博利亚（bolia）一起合作。

产品的设计灵感从何而来？

很多事情都能给我灵感。灵感来自日常生活中，来自狭小的空间生活里，来自跳蚤市场和古董商店里，在那里我经常在被遗忘的物品中偶遇有趣的设计细节。

丹麦设计和国际设计有什么不同？

不同之处在于，丹麦设计作品是可以理解的设计，并具良好的功能。丹麦的设计简单但有趣，注重品质。我也认为今天的丹麦设计是对过去伟大设计师的一种致敬，但是它也有着新颖的视角和展望未来的期许。设想丹麦设计的未来是一件令人激动的事情。

到目前为止，你最大的成就是什么？

是我的多功能房间隔板"树篱"（Hedge）获得了2014年的博利亚设计大奖（Bolia Design Award）。

你如何将设计的产品与北欧生活方式结合起来？

举个例子，今年夏天在挪威的一次公路旅行中，我就刚承接的新项目产生了很多想法。我住在丹麦北部，但我喜欢跑去哥本哈根，星期天去参观那里的博物馆。城市生活蓬勃发展，田园生活日渐消逝，不同的生活方式引发了我思维的火花，我想以新方式来组合材料。生活给了我灵感，我总会在最不经意的时候感受到这种启发。

作为一名设计师，新北欧设计对你意味着什么？

新北欧设计意味着品质和对材料的态度。简单和注重细节是新北欧设计的特点，我们与简单的事物相处时间越长，我们就会越欣赏它。

Nikari家具
NIKARI

Nikari是成立于1967的芬兰著名老家具公司，以其设计的精湛品质和与阿尔瓦·阿尔托、卡伊·弗兰克等知名设计师的合作而闻名。公司位于一个小村庄，拥有该国最古老的机械车间。2010年开始，品牌在日本京都授权生产其设计产品。

问答

能介绍一下公司历史吗？

Nikari是一家可持续性的木材家具和定制家具制造商，既服务公共建筑，也为私人住宅服务。创始人家具制造大师卡里·维尔塔宁（Kari Virtanen）曾与芬兰知名的建筑师和设计师合作过。多年来，他一直把发展重点放在使用木材材料及其生态效益上。今天，Nikari公司由第二代负责人管理和经营。在芬兰工作了几十年之后，公司新的所有者把Nikari品牌的哲学和观念传播到了国外。该公司与来自世界各地的设计师合作，并不断谋求发展。公司位于芬兰西南部菲斯卡村，拥有该国最古老的机械车间。

你们觉得未来最需考虑的方面是什么？

公司理念是将传统工艺方法与经典的设计相结合，创造当今世界上一种超前的工作和生活方式。我们公司坚持在产品品质上不妥协，无论是功能、美学还是技术上都保持优良品质。而且我们的产品使用来自当地森林可持续开发的木材材料。我们还强调高质量的工艺，使用生态材料的表面处理，重视每一个细节。

设计对你们意味着什么？

今天的设计意味着很多不同的事情，这很难给出一个答案。对我们来说，设计意味着尊重我们所用木材的特性和要求。我们试图创造出一种可以感知自然，易于接触和使用的产品形式。

芬兰设计与其他国家有何不同？

所有现代北欧设计风格都是清新而简单的，所以区别并不明显。芬兰的设计往往看起来有点粗放和质朴，但同时兼具耐用性和功能性。在Nikari，我们的设计思路是不让木材有太多的表面处理，从而感觉到材料的生命力和自然性。我们坚信，"每一种产品都应该有灵魂"，我们相信，人们总会喜爱美丽的事物。

左页图: "八月"（August）凳，阿穆·宋（Aamu Song）和约翰·奥林（Johan Olin）设计

下图: "七月"（July）桌/凳，田村奈穗（Nao Tamura）设计

哪些设计师是你们特别乐于共事的？

这太难回答了。我们感激能有和这些设计师合作的机会，也感谢他们所做的一切。能够与来自世界各地的不同人才（各个领域的优秀人才）一起合作，是很棒的事情。我们的作品曾获很多奖项，并且在设计博物馆和现代艺术博物馆中被永久收藏，这都是很有意义的事情。希望我们每天都在追求一些新的、有价值的东西。

在斯堪的纳维亚有什么能激励你们的地方吗？

我们最珍贵的地方是我们的菲斯卡村，它是一个拥有工匠、设计师和艺术家的真正意义上的创意中心。我们在那里举办精彩的展览、活动和聚会。拥有此地最好的福利就是最棒的芬兰森林和风景就在我们门口。我们的车间是一个田园诗般的工作场所，而且有着悠久的历史氛围。世界上有那么多地方都可以获得灵感，人们可以被城市的繁华或美丽的海滩所启发。在斯堪的纳维亚，挪威的山脉和峡湾令人叹为观止；图尔库（Turku）群岛、奥兰（Åland）群岛和斯德哥尔摩群岛都是世界上最美丽的群岛；秋天的哥本哈根和蒂沃利（Tivoli）公园景色怡人，尤其是在万圣节。还有赫尔辛基和夏日海滩等很多值得一去的地方。

北欧设计对你们来说代表什么？

北欧设计意味着功能性、浅色调和轻质材料，简单、好用而持久，还有时尚的现代生活方式。无论是在家居环境还是办公场地都是如此。

本页及右页图从左至右："咖啡厅基本配置 Tnt3"（Café Basic Tnt3）椅，2009年，永野智士（Tomoshi Nagano）设计；"咖啡厅基本配置 JRP3"（Café Basic JRP3）餐桌，2014年，詹妮·罗伊尼宁（Jenni Roininen）设计；"研讨会 TT2"（Seminar TT2）梯凳，2005年，卡里·维尔塔宁设计；"咖啡厅基本配置 JRV1"（Café Basic JRV1）LED灯，2014年，詹妮·罗伊尼宁设计；"咖啡厅基本配置 RMJ1-2-3"（Café Classic RMJ1-2-3）高脚凳，1999年，鲁迪·默茨（Rudi Merz）设计

诺曼·哥本哈根
NORMANN COPENHAGEN

保罗·马德森（**Paul Madsen**）和公司合作创始人扬·安德森（**Jan Andersen**）希望与来自世界各地的知名设计师和新兴人才合作。《纽约时报》将他们的设计公司诺曼·哥本哈根评为12个欧洲宝藏之一。诺曼·哥本哈根曾多次获奖，他们的经典设计作品洗涤盆也被纽约现代艺术博物馆的餐厅采用。

左页图："时代"（Era）躺椅和"逗留"（Stay）桌，桌上一盏"帽子"（Cap）台灯

下图："Ekko"盖毯放置在一张青绿色的"盒子"（Box）桌上

---------------- 问答 ----------------

诺曼·哥本哈根是怎么成立的？

在1999年成立诺曼·哥本哈根之前，我们每个人都经营自己的公司几年了。我们在贸易展上经常碰面，很快就发现我们有着相似的兴趣和价值观，并可以分享设计的激情。我们都想给设计的世界带来新的和意想不到的东西，所以我们决定开始合作。我们推出的第一款产品是"标准69"（Norm 69）灯，它很快就成为我们的畅销产品。多年来，我们在市场上又推出了其他的系列产品，包括各种家具、家居配件、纺织品和照明灯具。

你们是如何设计新产品的？

我们选择我们认为新颖、值得期待、出乎意料的东西进行设计。它可以是一个新的形状，或者是一个附加的功能，或是对产品的重新诠释。我们不是根据产品的类型或品牌系列空缺来发行产品。它必须是正确的产品，承载着我们的希望和思考，它要很特别，而且我们以前没见过。这种设计思路意味着公司产品都是我们喜爱并反映我们个人品位和观点的设计。当我们为产品选择颜色和展示风格时，经常会受到时尚界的启发，合作的设计师也会从多种不同的地方得到他们的

灵感。我们喜欢的产品并不总是受到同样东西的启发。每个设计都是独一无二的。

你们是否常与新兴设计师或知名设计师一起合作？

从一开始，我们就与来自世界各地的新兴设计师以及资深设计师合作，并将继续如此。我们建立了一个设计工作室，并拥有一支富有创造力和高技能的年轻设计师团队，他们创造了跨越工艺和工业领域的高质量设计作品。丹麦的西蒙·勒加尔德（Simon Legald）自2012年毕业以来，一直在工作室担任高级设计师。除了我们自己的设计团队外，我们还与丹麦设计师尼古拉·威格·汉森（Nicholai Wiig Hansen）、奥勒·延森（Ole Jensen）和伊斯科-柏林（Iskos-Berlin）合作；与瑞典设计师乔纳斯·瓦格尔（Jonas Wagell）、德国设计工作室 Ding3000、荷兰设计师马赛尔·万德斯（Marcel Wanders）、澳大利亚设计师亚当·古德勒姆（Adam Goodrum），还有挪威设计师拉尔斯·贝勒·费特兰（参见第64页）等其他国家的设计师、工作室合作。

丹麦设计与其他国家有何不同？

斯堪的纳维亚的设计通常是极简主义的，有着干净的线条，运用轻盈的木材原料，比如桦木和橡木是其特色。丹麦有着伟大的设计历史，我们对此深感自豪。丹麦设计在20世纪50年代和60年代有着蓬勃的发展，创造出许多经典的设计作品。丹麦设计的特点一直都是形式简单，具有功能性和高品质。而现在我们看到了一个更具广泛性，更有实验性，甚至更有趣的设计面貌。我们的产品具有斯堪的纳维亚极简主义设计的美学特征，但是它们也是丰富多彩的，幽默的和引人注目的。

迄今为止你们最大的成就是什么？

这是难以回答的问题。在我们品牌历史上有很多事情令人记忆犹新。在过去的几年里，我们一直致力于家具产品的开发，我们现在有了诸多可以填满每个房间的系列产品。我们收到了客户和终端消费者对设计产品很好的反馈，我们也很高兴赢得了一些家具方面的奖项，比如"时代"躺椅获得了德意志联邦共和国国家设计奖（German Design Award）；"我的椅子"（My Chair）和"只是椅子"（Just Chair）获得德国室内创新设计大奖（Interior innovation Award）。所做的工作能得到认可总是很好的事情。我们最初主要以家居配件闻名，但现在我们是一家货真价实的家具公司，也是斯堪的纳维亚领先的设计品牌之一。这是我们极为荣幸的事情，也是我们每一天都感到自豪的成就。

在斯堪的纳维亚有什么能激励你们的地方吗？

我们公司设在哥本哈根，这个城市对我们来说就很特别。虽然哥本哈根很小，但它有着充满活力的文化生活、世界一流的餐厅和优秀的设计。我喜欢在肉类加工区的Kul餐厅吃饭。食物是在一个大的开放式烤架上做出来的，味道总是很浓烈，而且充满探索性。我也喜欢去参观在胡姆勒拜克（Humlebæk）的路易斯安那现代艺术博物馆。它靠近海岸，有美丽的海景。如果你喜欢建筑，这座建筑本身就值得一游，宁静却又令人振奋。我们的旗舰店位于哥本哈根的市中心奥斯特布罗区（Østerbro），那也是一个值得去参观的地方。我们的目标是为客户创造一个富有创意和魅力的空间。除了我们自己的产品，商店还销售家具、照明设备、音乐CD、时尚单品、香水和家居服务器。

北欧设计对你来说代表什么？

以前的经典设计是北欧设计的伟大的基础，但我认为，我们需要创造新的设计，创造明日的经典之作。今天的北欧设计界有创造新事物的意愿和能力，还有一些令人兴奋的新设计作品，持续不断的努力绝对有潜力推动丹麦和北欧的设计进入一个新的时代。传统没有被抛弃，而是成为了新思想的基础。所以，当我想到今天的北欧设计，我认为它是强大的、大胆的和充满希望的。

上图："你好"（Hello）落地灯，乔纳斯·瓦格尔设计

左页图："结"（Knot）椅，黑田达朗（Tatsuo Kuroda）设计

规范建筑设计事务所
NORM ARCHITECTS

乔纳斯·比耶勒-波尔森（**Jonas Bjerre-Poulsen**）和事务所的共同所有者卡斯珀·罗恩（**Kasper Rønn**）本能地知道如何创造独具魅力的环境来展示北欧美食，作品曾多次获奖，包括红点奖和**IF**设计奖。他们都有设计背景，都曾为《**ELLE**家居廊》《**Kinfolk**》《**Dwell**》和《时尚》（**Vogue**）工作过。他们还为格奥尔格·延森公司（**Georg Jensen**）和皇家哥本哈根瓷器厂（**Royal Copenhagen**）创造过产品。

左页图："标准餐具"（Norm Dinnerware），2011年，Höst餐厅专用

———— 问答 ————

你们为什么要成立规范建筑设计事务所？

我们在奥勒·帕斯比（Ole Palsby）的工作室工作了5年多，然后决定成立自己的工作室。这是基于我们共同的品位和对设计的理解，我们在设计和建筑方面有着非常不同但互补的做事方法。在过去的15年里，我们在许多不同的工作场所一起工作，除了设计和建筑以外，还做了其他的尝试。当我专注于美学、材料和理论的时候，卡斯珀对形状、技术、发明和新的生产方法更感兴趣。我们在工作中彼此不断地推进对方的想法和设计，因此一起合作比我们单独工作会进展得更顺利、更有前景。我们认为，我们不同的工作和设计方法造就了彼此之间的凝聚力。之所以选择"规范"这个名称，是因为我们觉得必须遵循几千年来一直存在和完善的传统和规范，而不是总在寻找新的东西。

你们在设计的时候是否有一个流程？

我们的灵感来源和工作流程是极其多样的。我们没有特殊的工作方式，也没有收集灵感的既定公式。有时我们会关注不错的老式产品，如果出现了一项新技术，我们可以考虑使用这个新技术术来改善旧产品的外观或功能。产品的制造过程、工厂的参观、与工匠的交谈，或是在图形和艺术作品中的某些形状，这些都可以激发我们，为我们带来设计灵感。偶尔，我们会对日常情况进行理性的分析，以发现市场上其他产品尚未满足的设计需求。有时候，一个设计想法会被独具魅力的材料或表面质感而激发；有时我们会从制造商那里得到准确的产品设计要求或想法。我们与许多其他设计师不同的是，我们几乎从来不使用手工制作模型，我们没有手工制作的实践经验，主要是用建筑师的分析方法。

你们和其他设计师合作过吗？

我们作为艺术总监与Menu公司合作过，并为他们设计了家具和照明系列，那时合作的设计师中有一些是世界上最有才华的设计师。我们还为美国的品牌Design Within Reach设计和推出了一系列户外家具的设计。

丹麦设计与其他国家有何不同？

丹麦设计非常注重室内设计，因为由于气候有些恶劣，我们需在室内度过很长时间。也因为如此，我们需要把户外的一些东西引入室内，包括我们使用自然光的方式，还有我们选择的材料。我们经常使用明亮和白色的内部设计，因为它们有扩大空间的视觉效果。大窗户为室内引入光线，在墙上演绎出光景的"画作"。白色是运用在室内的最佳颜色。白色表面反射光线，会给人一种平静的感觉。对于在一个太阳经常隐藏在灰色云层后面的国家，这对优化我们的生活质量很重要。白色的运用不仅扩大了空间，而且为家具和绘画提供了一个美丽的背景。最重要的是，它把人们的注意力从室内设计转移到了房子内的生活上。对我们来说，白色是一种干净、明亮、柔软、光滑、自然和美丽的代表。这就是为什么它经常被用于教堂、画廊和其他空间，而这些空间的焦点是建筑物里正在发生的事情，而不是建筑物本身。

北欧设计对你们来说代表什么？

我们认为斯堪的纳维亚的设计在全球一直占据着强大的地位，但毫无疑问，烹饪界对"新北欧"的强烈关注，也使人们更加关注它对建筑、设计和艺术领域正在发生的影响。在斯堪的纳维亚，从房屋、长椅、公共厕所到灯柱的一切设计都考虑到了形式和功能，而我们在其中成长受到了很好的艺术熏陶。出于对斯堪的纳维亚设计传统中简洁样式的尊崇，我们努力在设计中做到精益求精，为某项设计找到最简单的形状，同时又不忘记形状和细节的美，达到没有任何东西可以添加或删减的完美效果，使产品设计得更好。斯堪的纳维亚的设计根植于对工艺的真诚投入。使用好的材料，创造出持久的设计。产品不仅应该是耐用的，而且需要工艺精湛。在这个意义上，你可以看到随岁月流逝，设计在物品上留下的美丽和感动。我们为自己的文化和历史感到自豪，渴望为北欧设计创造新的规范。

奥克森·克罗格餐厅
OAXEN KROG

除了收到米其林一颗星，奥克森·克罗格（Oaxen Krog）餐厅充满20世纪20年代到50年代格调的室内设计也很值得自豪。它是由餐厅主人马格努斯·埃克（Magnus Ek）和阿格妮塔·格林（Agneta Green）设计的。这对夫妇与当地的工匠进行合作，凭借自己的感觉和天赋，创造出了一种独特的就餐氛围。

上图：餐厅外观

右页图：Slip酒馆内部装饰

问答

能介绍一下你们餐厅的背景吗？

1994年，我们接管了一家小的季节性餐馆，餐馆位于斯德哥尔摩群岛。这里的菜式很简单，我们开始尝试用当地配料与葡萄酒的搭配来创造独特的美食，并且有了一定的名气。世界各地的顾客蜂拥而来。我们的餐厅多次获奖，并多次被英国著名饮食杂志《餐厅》（Restaurant）评为50家最佳餐厅之一。但在偏僻的岛上经营一家季节性餐馆是很艰辛的。17年之后，我们搬到了斯德哥尔摩的动物园岛（Djurgården），在那里我们创立了新的奥克森·克罗格餐厅，然后在2013年创建了一个北欧的小酒馆Slip。动物园岛是城市中的绿洲，靠近市中心又贴近自然，这一点特别符合我们的创意思想。既然现在餐厅距斯德哥

尔摩市中心只有10分钟的路程，全年营业就成为了可能。

你们的室内设计灵感是从哪里找到的呢？

我们的灵感来源于鹿特丹的纽约酒店（Hotel New York）和伦敦的马行咖啡馆（Riding House Café）。我们一直对20世纪中叶的风格感兴趣，参加拍卖，并在网上搜索古旧商店，但对最终所要的结果没有一个固定的想法。我们会依照直觉去选择物品，当看到喜欢的东西时自然就知道它应该放置在何处。最后是旧家具混合搭配各种照明设备。我们想让它感觉好像这里从很早一开始就是一家餐馆。我们所收到的最美好的赞美来自一位顾客，他以为我们在这里已经经营30年了！

你们合作的设计师和制造商都有哪些呢？

我们与建筑师马茨·法兰德（Mats Fahlander）和阿格妮塔·彼得松（Agneta Pettersson）合作完成了这栋建筑的总体设计，但我们自己做了大部分的室内设计。我们用了奥瑞福斯（Orrefors）玻璃厂的玻璃，但除此之外，我们还选择了旧家具和特别委托定制的物品。其中包括约翰·林特（Johan Linhult）制作的桌子和他的陶艺师妻子松娜·琼斯多特（Sunna Jonsdotter）所制的餐具。埃里卡·佩卡里（Erika Pekkari）为布洛纳·维格尔（Bröderna Wigell）工厂的老式"佛罗里达"（Florida）椅设计了靠垫，而Tärnsjö Garveri制革厂生产的皮革用于覆盖吧台、桌面和Slip酒馆到奥克森·克罗格餐厅之间的门。我喜爱皮革，因为它创造了温暖的气氛和流金的岁月之感。

你们好像使用了很多瑞典设计。这是为什么呢？

我们没有刻意去选择瑞典设计，而仅是选择了我们喜欢的装饰物品。很多物品都来自斯堪的纳维亚，但Slip酒馆室内的两张公共桌子边的长排折叠椅是来自伦敦的一家剧院。桌子本身是在斯德哥尔摩的一家古董展览会上发现的。他们原来在一所学校里，而且高度对我们来说有点太低了，所以我们让木匠把腿加长了。为了使所有细节都符合我们的要求，有很多工作要做。我们想要Gense的经典餐具"Tebe"，并联系了大约40个不同的卖家，然后找到了我们需要的餐具，共5000件。餐盘是在跳蚤市场找到的，而花瓶则是我们最喜欢的设计师卡尔·哈里·斯泰哈尼（Carl Harry Stålhane）设计的。

在斯堪的纳维亚有什么让你们喜欢、受启发的地方吗？

位于动物园岛的玫瑰花园（Rosendals Trädgård），是一个由咖啡厅、有机餐厅和花园苗圃组成的庄园。他们自己种植水果和蔬菜，他们所提供的一切美食都是有机的，周围的环境也很棒。你会很难相信那里离大城市那么近。当然，最爱去的地方还有工业环境的AG餐厅（Restaurant AG），我喜欢他们的上等腰肉牛排。店主约翰·尤里斯科格（Johan Jureskog）是我们

的好朋友。如果你喜欢牛肉的话，这是斯德哥尔摩最好的去处。牛肉的质量令人难以置信，他们会告诉你牛肉的来源，甚至动物的名字。我们最近在奥勒市（Åre）附近著名的饭馆法维垦餐厅（Fäviken Magasinet）就餐，在回来的路上，我们则会在位于厄斯特松德（Östersund）可爱的爵士厨房（Jazzköket）咖啡馆驻留一下，我们向任何访问瑞典北部的游客推荐这两家餐厅。

北欧设计对你们来说代表什么？

可持续性的设计概念渗透到我们所做的每一件事，所以我们选择从尽可能近的地方获取一切所需物品。家具也是，大部分是从瑞典家具工业蓬勃发展的时期传下来的古旧家具。现代社会手工艺和相关技术日渐消逝，不过今天人们对设计、工艺和材料品质的关注又开始增加了，这是很值得庆幸的事情。可持续性更适用于我们。我们选择和我们理念一致的小生产者，动物的健康也是我们非常关注的要素。我们这里的饮料和食材一般来自动物园岛、北欧国家或比较远的欧洲其他国家。

右页上图：餐厅内部装饰

右页下图：外面甲板上的一篮扇贝

Objecthood 设计
OBJECTHOOD

2010年，工业设计师索菲亚·奥尔松（**Sofia Ohlsson**）联手建筑师夏洛特·埃尔斯纳（**Charlotte Elsner**）和产品设计师布里塔·泰勒曼（**Britta Teleman**）创建了**Objecthood**设计工作室。公司总部在瑞典，这个**3**人组获得了好几个奖项，包括《**ELLE**家居廊》瑞典设计奖（**ELLE Decoration Swedish Design Award**）、瑞典工艺设计协会奖（**Svensk Form**），还有来自斯德哥尔摩市的一项荣誉称号。

------------ 问答 ------------

你们公司是如何开始创业的？

我们最初是一个由3个设计师组成的松散的团队，慢慢地团队变得更紧密，成了一个设计工作室。最初我们分别在不同的项目上工作，但一直保持联系，并相互帮助和反馈信息，这是瑞典设计界缺乏的一种联结网络。我们原来并不认识，我在阿姆斯特丹实习时见过布里塔，夏洛特与布里塔在斯德哥尔摩的一次讲座上相识。使我们走到一起的是大家想要在更广阔的环境下开展工作的愿望。我们开始作为一个团体介绍自己的作品，互相作为代理人为我们个人创造更多的机会。由于我们来自不同的设计领域，所以我们可以相互补充。事实证明，这是一个成功的合作理念。当然这也是一项艰苦的工作，但合作会让我们彼此更强大。我们可以提供更多的服务给我们的客户，因为我们的技能范围涵盖了从工业设计到建筑等方面。我们团队永远保持着充足、旺盛的能量。

当你们开始一个新的设计时，你们在哪里捕捉灵感呢？

我们的灵感来自富含激情的人们、日常生活的问题、各种材料。但是我们的灵感更多地是被人类的行为和想给使用者带来快乐的欲望所激发。作为设计师，我们把为世界增添美的形态和良好的功能视为我们的使命。同时我们也需要平衡内在的矛盾，那就是我们想要保护自然资源，但又想创造新产品。所以如何保持设计、生产的可持续发展是非常重要的。我们尽量避免追逐流行趋势。

瑞典设计与其他国家不同吗？

我们不确定，但在设计工作室内确实存在差异。当设计被家具公司过滤、筛选并生产、上市时，这些产品体现的是这些公司的风格运作方式。瑞典使用木材的设计传统还一直存在，木质产品更亲近自然，几乎没有人不喜欢。瑞典仍有许多中小型家具公司使用木材、金属等材料来生产产品，当然大型工厂是不太现实的。幸运的是，许多制造商强烈地感到有必要保留木材生产的传统，并尽可能保持可持续发展。

与哪些制造商合作会令你们感到自豪？

我们喜欢向前看，但如果能第二次与斯库图纳公司（Skultuna）合作会是件很愉快的事情，他们是成立于1607年的瑞典公司。我们还为我们的"金块"（Gold Nugget）移动式展馆获得斯德哥尔摩市的荣誉称号而感到自豪。

在斯堪的纳维亚有什么你们喜欢、能受到启发的地方吗？

瑞典家具生产的中心斯莫兰，那里有一个小村庄被一片巨大的森林所包围着，你可以在那里感受到一种积极蓬勃、振奋人心的能量。

该如何向别人介绍新北欧设计呢？

新北欧设计拥有在视觉表达上的自信，以及材料和生产上的诚实，并且对材料可持续性采取严肃的态度。

本页及左页图："池塘"（Pond）桌，2012
年，瑞典品牌Skandiform制造

181

卡罗琳·奥尔松
CAROLINE OLSSON

这位挪威产品设计界的明星已经获得了**Muuto**人才奖、《**ELLE**家居廊》挪威年度最佳设计师（**ELLE Decoration Norway Young Designer of the Year**），还有伦敦百分百设计展的最佳产品在内的诸多奖项。她喜欢在瑞典跳蚤市场上寻找灵感，而且她的设计作品在丹麦的汉斯·瓦格纳百年庆典活动中作为展品展出。

你的设计过程是如何进行的呢？

我喜欢在工作中与材料直接接触，并使用它们塑造物品。虽然这是我理想的工作方式，但由于受到时间和成本等的限制，我通常以手工绘制我的想法开始设计，然后使用数字3D软件建出模型。我通常会用纸和其他便捷的材料做模型，以测试和调整所设计产品的形状、大小和功能。

挪威设计与其他地方有什么不同吗？

其中一个不同之处在于我们的设计群体比较小。我们只有少数人，但我们了解合作和分享经验的益处。不幸的是，挪威本地没有太多的生产需求，所以大部分的本地设计师依赖于与外国制造商的合作。

在创造新产品之前，你会去哪里寻找灵感？

我最喜欢待的地方是瑞典的韦姆兰省（Värmland），我父亲来自那里（我是半个瑞典人，半个挪威人）。我喜欢在乡间度过安静的时光，在湖里游泳，或者在乡间小路上散步。我也喜欢去跳蚤市场。

作为一名设计师，你有什么特别值得自豪的地方吗？

那是我在奥斯陆的阿克什胡斯大学学院（Akershus University College）学习产品设计的最后1年，2013年创建了我自己的设计工作室。我最自豪的时刻是作为设计师被邀请参加2014年丹麦的汉斯·瓦格纳百年庆典展览。除了经营自己的公司外，我还在挪威设计和建筑中心（Norwegian Centre for Design and Architecture）担任项目协调员。

有没有挪威或斯堪的纳维亚的设计师使你特别受启发的？

所有来自挪威设计师联盟（Klubben）的同行们。这是由有家具和产品设计背景的设计师发起成立的组织。来自挪威的年轻、有才华的设计师们都在这里蓬勃发展。诸如斯托克·奥斯塔德（Stokke Austad）、Permafrost设计工作室、安德森和沃尔（Anderssen & Voll），还有安德里亚斯·恩格斯维克（Andreas Engesvik）这样优秀的设计团队为下一代开启了通往新方向的大门。

本页及左页图："森林"（Skog）灯，马格纳玻璃厂（Magnor Glassverk）制造

蒂莫·里帕蒂
TIMO RIPATTI

赫尔辛基的建筑师、室内和家具设计师蒂莫·里帕蒂拥有自己的设计工作室，而且同时在阿尔托大学和拉赫蒂应用科学大学设计学院（**Lahti University of Applied Sciences**）任教。他在芬兰获得了年度家具设计师奖，并在斯德哥尔摩家具博览会（**Stockholm Furniture Fair**）、意大利米兰国际家具展的生态设计展（**Eco-Design exhibition**）上展出了自己的设计。

下图：＂基维-迷你＂（Kivi-mini）灯具，2013年，布隆德灯具公司（Blond Belysning Ab）制造

右页上图：＂大峡谷＂（Grand Canyon）沙发系列，2007年，毕洛宁公司（Piiroinen）制造

右页下图：＂椭圆＂（Ellipse）椅，2008年，比韦罗公司（Vivero）制造

问答

作为设计师你能介绍一下自己吗？

我是一名独立的设计师，2010年获得芬兰年度家具设计师奖。除了从事我的设计工作外，我还在阿尔托大学和拉赫蒂应用科学大学教授家具设计。我在2003年成立了里帕蒂工作室，之前我在建筑公司担任过大型项目的室内建筑师。我的工作室位于一个生机勃勃的联合办公空间，这里还有其他一些小工作室，其中活跃着来自平面、纺织和产品领域的设计师，还包括一些建筑师、摄影师和艺术家。

你在哪里寻找设计灵感？

我的灵感来源各不相同，但有些事物经常能给予我灵感。艺术的各种形式都是我灵感的重要源泉，建筑也是如此。融入自然给我的是平静和放松的感觉，而不仅仅是直接的形状或概念。去旅行时，我总是参观当地的艺术展览、知名建筑和自然景点。有时候发现＂错误＂的东西也是一个非常重要的灵感来源。

你觉得设计专业学生应该如何把握未来？

如今每年有这么多的设计专业学生毕业，从某种意义上说，似乎没有足够的工作来满足他们。但另一方面，人们所做的每件事都需要设计。未来的设计师必须寻找新的工作方式。我们必须把重点放在一个更广泛的设计领域。

芬兰设计对你意味着什么？

芬兰设计的黄金时代源于历史上农耕社会对功能强大、但价格适中的日常用品的需求。这也是缘于战后物资和资金的短缺。在20世纪50年代，芬兰的设计被国际公认为是大众化、超功能性和平民价位的。现在，我不认为它与全球广泛应用的西方风格有所不同。设计并不是一个民族性的事物。这是一项由"增值"驱动的业务，无论设计师或公司来自何方。

斯堪的纳维亚最能给你的工作带来启发的地方是在哪里呢？

徒步旅行在芬兰北部、瑞典或挪威山区里，划独木舟或驾驶帆船在波罗的海上。就去待一天的话，梦想之地是冰岛。严格地说，冰岛可能不是斯堪的纳维亚半岛的一部分，而是传统北欧的一部分。特别值得参观的城市有赫尔辛基、斯德哥尔摩、奥斯陆和哥本哈根。

北欧国家在设计上与其他国家有何不同？

　　瑞典和丹麦有很多优秀的设计师和公司，芬兰和挪威也有很好的设计师，但遗憾的是，大公司数量较少。当今北欧的设计仍然是优秀的，即使它不再是典型的"北欧"。当代北欧设计师正以一种了不起的方式将设计带入未来。

左页图："杯"（Kuppi）灯，2013年

下图："赛勒"（Säle）桌，2013年

埃娃·希尔特
EVA SCHILDT

埃娃·希尔特（**Eva Schildt**）曾为日本公司爱速客乐（**Askul**）和优衣库（**Uniqlo**）工作过，还曾在瑞典宜家和瑞之锡任职。2011年她成立了自己的设计工作室，她的"优雅3"（**Grace 3**）书柜在2013年伦敦设计节上获得展出。她还为瑞典克朗公司（**Klong**）创作了一系列花瓶。

上图："艾恩"花瓶，2013年，克朗公司制造

左页图："园丁的沙发"（Gardener's Sofa），2011年，斯德哥尔摩设计工房制造

 问答

在创立自己的公司之前，你在哪里工作？

从贝克曼设计学院（Beckmans College of Design）毕业后，我在几家瑞典公司工作过，包括斯德哥尔摩设计工房（Design House Stockholm）、瑞之锡（参见第26页）、宜家、Playsam和克朗。我还在日本工作了几年，为爱速客乐、Actus、Cibone和优衣库工作过。最近，我还为Skandium家居（参见第247页）开发了一系列收纳家具。

你是如何进行设计的？

我总是努力观察，注意到那些吸引我的东西，或者在某种程度上是聪明的和不错的想法。关键是记住这些不错的事物，并以新的方式将它们组合在一起。你必须忠实于你的设计意图，以及作品的功能和生产。

瑞典设计的重点是什么？

瑞典设计的重点是形式简单、着重功能以及使用天然材料。颜色通常是浅色的。今天的北欧设计是为日常生活和所有人的设计。我认为它是很有包容性的。

你迄今为止最成功的设计是什么？

我的畅销产品是给克朗公司设计的"艾恩"（Äng）花瓶。但就设计经验而言，我认为在日本工作并学习另一种文化和他们的设计传统是很有价值的。

在斯堪的纳维亚，你热爱、带给你启发的地方是哪里？

哥特兰岛一年四季都有着非凡的风景和美丽。参观路易斯安那现代艺术博物馆总是能给我带来活力和灵感。旧房子的现代改建、绝妙的风景和花园，创造了一个非凡的所在。

Snickeriet 家居
SNICKERIET

Snickeriet总部设在斯德哥尔摩，卡尔-约翰·耶林（Karl-Johan Hjerling）是其创始人之一，品牌旨在将设计与精湛的工艺结合起来。它的家具设计已经获得了许多奖项，还在《Wallpaper*》和《单片眼镜》（Monocle）等杂志上刊载过。该公司还为瑞典服装品牌艾克妮工作室（Acne Studios）设计了零售空间。

上图："菲"（Fä）吊灯，卡尔-约翰·耶林和卡琳·沃伦贝克设计

左页图："科林斯"（Korint）柜橱，2014年，卡尔-约翰·耶林设计

问答

你们公司的背景是什么？

Snickeriet木工房于2012年由志趣相投的木工匠人和设计师创建。我们希望将家具制造和设计与定制室内设计项目结合起来。我们的工作模式是小规模化和作坊式的。

你们的产品有什么突出的特质？

创造的过程其实是系统化的，是无限复杂的。我们的产品完成后，可以作为手工艺品使用，并且非常纯粹。

瑞典的设计与其他国家有什么不同？

在我们的设计中，国籍不是一个非常重要的考虑因素，但是遥远国度的人看待我们的设计可能比我们自己更受触动。不过我们确实喜欢探索本地材料的可能性。

迄今为止你们最大的成就是什么？

继续共同努力，以真诚实现我们的愿景，并且能够使他人获益。这些都是我们所期望的成就。

在斯堪的纳维亚，你们最喜欢的地方是哪里？

我们喜欢即将拆除的斯德哥尔摩斯鲁森（Slussen）地区和哥德堡外群岛。

如今北欧设计对你们意味着什么？

我们欢迎现在更加多元化和不确定性的文化融合能在斯堪的纳维亚继续发展，能为个性表达带来无限可能。

马丁·索利姆
MARTIN SOLEM

挪威设计师马丁·索利姆在哥本哈根工作，同时也为Hay的设计工作室服务。他在极具声誉的丹麦鲁德·拉斯穆森（Rud Rasmussen）木工房度过职业生涯的早期，他和凯尔·柯林特、布吉·莫根森等人一起创作了经典的家具设计。索利姆自己的设计作品也已经在巴黎、伦敦、斯德哥尔摩和奥斯陆展出。

---------- 问答 ----------

你的设计是挪威和丹麦的混合。为什么会如此呢？

当我20岁的时候，我决定从挪威搬到哥本哈根去学习更多关于丹麦家具及其历史的知识。在接下来的6个月里，我在鲁德·拉斯穆森工作，这是丹麦历史最悠久的木工公司之一，目前仍在生产。我很幸运参与制作了杰出设计师们设计的经典家具作品，像凯尔·柯林特、布吉·莫根森，还有莫恩斯·科赫（Mogens Koch）。我还获得了丹麦皇家美术学院的硕士学位，目前正在着手我自己的项目，以及在Hay（参见第120页）做全职工作。

本页及右页图："木制轮廓"（Wooden Profile），毕业设计，丹麦皇家设计学院（Royal Danish School of Design）

你的设计是否受到挪威背景的启发？

我想我小时候在挪威体验到了自然世界。在海边长大，在山上度假，这些成长经历应该在塑造我成为什么样的人方面发挥了很大的作用。我认为，认清自己是谁，这对一个设计师的灵感有很大的影响。我喜欢观察日常生活。创意可以从某些形状或功能中产生，这些形状或功能通常离最终产品很远。不幸的是，我忘记了我的很多观察。相对于我的第一感受，最终会偏向于更深思熟虑的结果。

你认为挪威的设计未来会怎样？

我认为挪威的设计将在斯堪的纳维亚的设计中扮演比以往任何时候都重要的角色。它甚至可能起关键作用。今天激励我的是斯堪的纳维亚年轻而有才华的设计师们，他们将创造该地区独特的设计历史的新篇章。

哥本哈根空间
SPACE COPENHAGEN

哥本哈根空间设计工作室成立于**2005**年，由丹麦皇家美术学院毕业生西格纳·宾德列夫·亨里克森（**Signe Bindslev Henriksen**）和彼得·本加德·吕祖（**Peter Bundgaard Rützou**）共同创办。他们一起为几家世界上颇有影响力的餐厅进行了室内设计，其中包括诺玛餐厅（**Noma**）、天竺葵餐厅（**Geranium**）和盖斯特餐厅（**Geist**）等，并为格奥尔格·延森公司、腓特烈西亚家具（**Fredericia Furniture**）和梅特公司（**Mater**）设计了产品。

--- 问答 ---

你们公司的背景是什么？

我们相互认识很久了，在过去的**10**年里，我们一起运营这个设计工作室。在空间和细节上，我们偏爱小规模化，对我们能控制空间、结构以及最后的效果的项目更感兴趣。我们的工作很多样化，包括室内设计、家具和日常用品设计，还有艺术装置和美术设计。

哥本哈根空间遵循的原则是什么？

我们认为，设计应该试图了解人的状况，每一种情况所涉及的规则和情感，无论是空间关系（如餐厅）还是更具体的设计（如椅子）。在决定如何设计时，我们尽量不让自己受到既成概念或参照物的约束。灵感可能是各种感觉上的关联，比如空间、对话、运动、声音或文学作品、历史主题、偶然的场所等。我们不断地被艺术、文化、自然和与之相关的各种感觉所吸引。

上图：Kul餐厅，哥本哈根，2014年

右页图：迪内森（Dinesen）地板陈列室，哥本哈根，2009年

你们的主要客户是谁？

我们有许多不同的客户，他们有不同的背景和需求。厨师、酒店、个人、家具制造商、时尚品牌和珠宝品牌等。

迄今为止你们最大的成就是什么？

相比任何具体的成就，我们更喜欢设计的过程。能够接受不同的任务和挑战，参与项目或场所的具体细节，感受项目参与者的抱负和才能，这一切真是太棒了。

你们如何看待北欧设计在全球舞台上的影响？

在国际上，北欧国家相对很小，但在这里出生仍然是很特别的。这里的特别之处在哪？它可能是一个结构良好、社会标准很高的社会，或者是城市和自然有着密切关系的地方，某种程度上缓慢和小规模的社会。这是个思考的好地方。我们喜欢我们的家乡哥本哈根，它似乎在向多个方向发展，在艺术、美食、音乐和文化方面都充满能量。我们很幸运能够参与其中，并与许多有才华的人一起工作。来自外界的反馈会让你分外努力和敢于梦想。

作为新一代北欧设计师的一员你们有什么感觉？

拥有如此强大的设计遗产在某种程度上阻碍了我们的前进。但是北欧的设计并不是关于精确的表达、形状或形式的设计。与之相关的美学起源于斯堪的纳维亚或北欧的一种思维方式。有一段时间，北欧的设计总以像阿恩·雅各布森的"蛋"椅或汉斯·瓦格纳的"叉骨"（Wishbone）椅这样的代表作为标签，还与某种固定的纹理、皂化橡木、浅色皮革联系起来。许多设计师和制造商发现很难从这些固定的设计认知带来的阴影中摆脱出来。但北欧设计之所以获得世界认可的真正原因或许在于这一切产生的动机。斯堪的纳维亚社会由一个人口少而组织良好的社会体系所组成，在这个体系中，大多数人都有受教育的机会和选择的自由。它也是世界的一部分，在它的历史上，由于恶劣的天气条件和稀缺的自然资源供应，思考和行动都基于一套美学价值。斯堪的纳维亚人对旅游和文化有开放的态度，一直持有好奇心和渴望。我们将自己的观察与思考进行过滤，并用它们进行新的表达。我们认为，这种心态是北欧新设计的精髓。感觉好像我们正在走出阴影，历史车轮又一次在转动。

197

火花设计空间
SPARK DESIGN SPACE

位于雷克雅维克的火花设计空间是由冰岛艺术学院前产品设计教授西格里德·希哥雍斯多蒂（Sigríður Sigurjónsdóttir）创立的。在看到这么多优秀的原型付诸东流之后，他决定创建一个画廊，以支持积极进取的产品设计师，并可以通过生产过程全方位了解他们的作品。

———— 问答 ————

在冰岛长大的经历给你带来了什么好处？

我在雷克雅维克的郊区加尔扎拜尔（Garðabær）接受了非常好的教育。现在，这里似乎是一个中产阶级、同质化的社区，但在我的孩提时代，它是一个游玩和探索的好地方。这里靠近大海，到处都是建筑工地。直到我长大了，我才觉得这里变得无聊。当我回想起来时，我确信这个与母亲在一起的安全环境给了我去挑战的勇气。如果我有一个更困难或更具挑战性的成长环境，我可能会选择一条更安全的道路。

你从事设计的背景是什么？

在过去的4年里，我一直在经营火花设计空间，这是雷克雅维克唯一的设计画廊。它是一个设计项目的展示平台，专注于当地的设计活动，并且支持设计师和其他行业之间的合作。每次展览为期约3月。之后，展品会储存、陈列在我们的商店里，我们已经慢慢地收集了很多喜欢的作品。当我还是冰岛艺术学院的教授时，我就创建了火花。在学校期间，我看到了许多有趣的项目，这些项目从来没有深入到制作原型的阶段。当然，这是学生作品的特性，但看到这些优秀的

设计都被浪费掉，我感到很沮丧。因此，火花是关注并发现有潜力的作品，并进一步探索如何推向消费者的空间。在2004年加入学院之前，我在伦敦中央圣马丁学院对新技术和个人空间进行了研究，并在纽约和阿姆斯特丹的新技术和文化本土化领域工作过。在学院期间，我发起了一个名为"设计师和农民"的研究项目，目的是开发最高质量的产品。设计及溯源性是其关键。该项目的新奇之处在于结合了该国最古老的职业（农业）和最新的职业（产品设计）。

左页图：收纳架，西格里德·希哥雍斯多蒂和赛佛利·索尔斯坦（Snæfríð Thorsteins）设计

199

在如此偏远的地方进行设计是什么感觉？

有一种自由的感觉，也有一种孤立的感觉。这二者是截然不同的，但它们似乎共同促进了良好的创作氛围。由于材料和生产行业的缺乏，设计项目有时充满独特性。设计师们的合作方有时可能会是一家制网工厂或渔业公司。柏林尼亚·西格奥尔松（Brynjar Sigurðarson）从渔民那里借来一种"新"工艺，他把它应用到了他的"棍"（Sticks）设计上。所有这些项目都是以火花设计空间的名义推出的。

你认为影响冰岛产品设计的是什么？

冰岛的产品设计深受我先前提到的局限性的影响，并在这些限制中寻找发展机会。冰岛的设计越来越多地成为不同职业之间的对话。它遵循了世界其他地区的发展趋势，例如强调当地的材料和环境。出于某种原因，目前冰岛的设计元素非常丰富多彩，例如有一个我以前从未见过的部落元素："北极部落"（arctic tribal）。

你自己的设计灵感来自哪里？

我最初是受到冰岛艺术学院给予我的启发。"Bongo Blíða"系列的灵感来自克朗的贬值，我当时担心我再也不能旅行了。"搁置生活"（Shelve Life）是由赛佛利·索尔斯坦设计的，灵感来源于我们都不断丢失钥匙这一事实。我也从周围的人那里得到灵感。一场好的交谈可以激发一个想法。交谈还可以解决问题，或者使事情变得更复杂和有趣。如果我在做某件事时陷入困境，通常是去散步或骑我的马，它会理清我的思路。

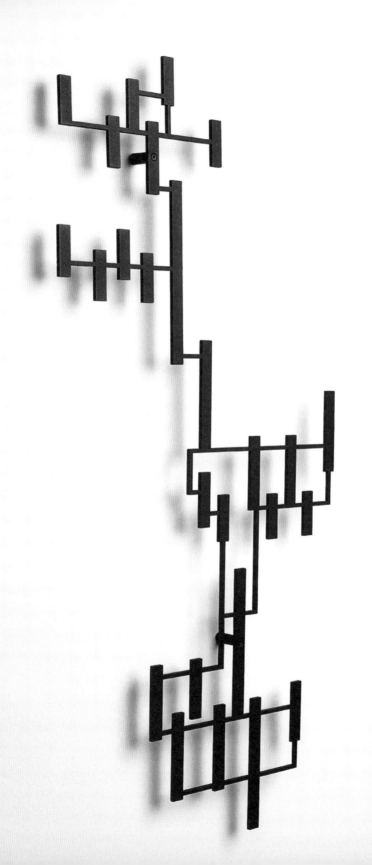

Fem工作室
STUDIO FEM

由安德斯·恩格霍姆·克里斯滕森（**Anders Engholm Kristensen**）、莎拉·克莱默（**Sarah Cramer**）和布里特·拉斯穆森（**Britt Rasmussen**）创建，**Fem**工作室的家具设计赢得了许多奖项，尽管他们的设计仍处于原型阶段，但仍获得了2014年的**Hay**人才奖。

———————— 问答 ————————

你们公司的背景是什么？

　　Fem工作室是基于协同的想法而创立的。我们是3个完全不同的设计师，我们发现我们之间的互动能带来最好的设计结果。我们的理念是，设计既应该被看到，也应该被体验。我们的主要关注点在于把控功能和美学之间的平衡。我们的愿景是设计出突破边界和激发好奇心的产品。

丹麦的设计与其他国家有何不同？

　　由于我们所处的全球化世界，丹麦设计的朴素美学也会体现在世界各地的设计产品中。我们认为丹麦设计有别于其他国家、包括有别于其他北欧国家之处是它的传承。丹麦在很大程度上是一个设计国家。我们被20世纪50年代丹麦设计黄金时代的建筑和设计所包围。那个时代的设计师将他们的大众和现代设计理念与精湛的工艺结合起来，使丹麦的设计成为了一个品牌。今天，制造业带来新的机会，但美学没有变。

上图："昆虫"（Buglife）套桌

右页上图："华夫饼"（Waffle）长凳

右页下图："华夫饼"（Waffle）餐柜

第二部分　设计公司与设计师

202

你们和家具公司合作吗？

我们所有的设计都还在原型阶段，但我们确实与不同的公司在合作，包括安德森家具和 One Collection 公司。这些公司是我们的良师益友，我们从一开始就得到了他们很大的支持。希望我们的合作将在不久的将来产生一些伟大的设计产品。

迄今为止你们最大的成就是什么？

世界各地的人们对我们的设计作出了很好的评价，我们的作品正在被认可，尤其是在米兰和伦敦的家具展览会上。当然，我们获得了2014年 Hay 人才奖，并参加了2015年科隆国际家具博览会举行的"纯粹人才"竞赛。

斯堪的纳维亚最能激发创意的地方在哪里？

斯德哥尔摩和哥本哈根都是令人赞叹的灵感城市，但斯堪的纳维亚最令人赞叹的灵感之地是大自然，尤其是在该地区的北部。我们历来最喜欢的地方是位于丹麦日德兰半岛（Jutland）最东端的灯塔。我们经常来这里，当我们开始新的项目、需要在周末工作的时候常会来。

本页及右页图："柔韧"（Bendy）长凳

公寓设计空间
THE APARTMENT

丹麦室内设计师蒂娜·塞登法登·布斯克（**Tina Seidenfaden Busck**）将哥本哈根一套18世纪的公寓改造成了一个充满魅力、摆放着创意家具的空间，空间中的家具都是瑞典和芬兰著名设计师的作品。虽然它看起来像个私人住宅，但从吊灯到地毯，一切物品都是可出售的。

——————— 问答 ———————

请问公寓设计空间是怎么来的？

开始我就渴望创造一个空间，可以展示我自己精心挑选的古董和我所敬佩的当代设计师的作品。可以说，丹麦的室内设计在很大程度上受到历史传承的影响，具备简洁的造型、功能性的设计和柔和的颜色。我想在这里展示比丹麦通常看到的更丰富的色彩，也可以介绍意大利中世纪的设计和来自世界各地的当代设计师作品。当这套公寓改造好之时，我觉得一切努力都是有意义的。我设计的空间看起来像一个私人住宅，而一切物品都可以带回家，从挂在墙上的艺术装饰品到房间里的家具和照明用品。这里所有物品都是出售的，我们定期会更换公寓里的内饰。

以你的现代设计背景，为什么要选择一个有时代感的展示空间？

我的美学在很大程度上植根于不同风格和时代的混合。对我来说，当艺术和设计与其他有差异的事物产生冲突时，它们就变得更有趣了。我喜欢哈默修伊（Hammershøi）式的房间，木镶板

右页图：沙发，1940年，卢德维格·庞托皮丹（Ludvig Pontoppidan）设计；一对丹麦扶手椅，20世纪40年代；意大利侧桌，20世纪70年代

和橡木地板通过多元的当代艺术背景、中世纪的设计、老式的地毯和美丽灯光，给观众展现了一种新的氛围。

你对室内设计的兴趣来自哪里？

可以说我在很小的时候就对艺术和设计产生了兴趣。我在一个充满创造性的环境中长大，父亲是一位艺术收藏家，他总是带我去拍卖行和画廊。后来我去索斯比（Sotheby）拍卖中心工作，很幸运地投身于现代艺术、设计和装饰艺术的世界，并有机会深入了解了艺术市场。

第二部分 设计公司与设计师

这种设计是北欧设计和当代生活的有意识结合吗？

我一直对室内设计有着非常浓厚的兴趣，也许我的风格不是很北欧的风格。当我创建这套公寓的时候，并不是想创造一个特别北欧的概念，但我确实想给瑞典和芬兰的设计师们点上一盏明灯。丹麦有优秀的画廊，其中包括丹麦家具艺术（Dansk Møbelkunst）和古典（Klassik），但出于某种原因，瑞典和芬兰的知名设计师，如约瑟夫·弗兰克和阿尔瓦·阿尔托（参见阿泰克，第20页）在丹麦的室内设计舞台上并不是很被世人所熟知。我特别喜欢弗兰克在20世纪30年代和40年代为瑞之锡（参见第26页）创造的美丽、多彩的设计。我们在这里还展示丹麦的现代作品，如布吉·莫根森的柳条咖啡桌和汉斯·瓦格纳的有着生机勃勃红色漆的"PP129"躺椅。与传统的画廊空间相比，我觉得把这些作品放在一个不太正式的环境中是很有趣的。我的目标是，公寓设计的外观和感觉应该是一个人们可以坐下来吃饭或看书的地方。这一愿望确实由伊尔丝·克劳福德（参见第252页）实现了，她改造了住宅内部，包括餐厅。

你有什么特别喜欢的设计师、室内设计或地方吗？

在丹麦，我总是推荐大家去路易斯安那现代艺术博物馆看看。它有着独特的现代和当代艺术收藏品，建筑和雕塑公园本身也很值得一游。自2008年以来，在哥本哈根北部的芬·尤尔（参见第24页）的旧居已经向公众开放了。房子保持原来的内部装饰，里面有尤尔自己的素描、艺术收藏和个人物品。我曾多次住在斯德哥尔摩的家之旅馆（Ett Hem）。伊尔丝·克劳福德和她的团队成功地让这里感觉像是个令人难以忘怀的家。这里有一种我在其他的酒店从未体验过的温暖和气氛。瑞典南部的沃纳斯（Wanås）因其精湛的雕塑公园而闻名。那里展示着很多艺术家们的作品，其中包括路易丝·布儒瓦（Louise Bourgeois）和奥拉维尔·埃利亚松（参见第88页）的作品。

北欧家具长期受欢迎的原因是什么？

我认为北欧设计自20世纪50年代以来具有如此国际吸引力的原因与其永恒的美学有很大关系。精湛的工艺和轻描淡写的功能主义样式，经得起时代的风风雨雨。在我自己的家里和公寓设计空间里，丹麦的设计作品增添了独特的个性和氛围。作为丹麦人，我觉得它们也增添了一种令人欣慰的历史感。

你觉得北欧设计的未来之星是谁？

哥本哈根空间（参见第194页）的西格纳·宾德列夫·亨里克森和彼得·本加德·吕祖在2011年重新设计了诺玛餐厅。塞西莉·曼茨的雕塑设计是建立在丹麦现代主义传统的基础上的，又添加了一些新的有趣的东西。鲁内·布鲁恩·约翰森（Rune Bruun Johansen）的设计简单、优雅，将丹麦手工与豪华的材料和精致的细节相结合。斯堪的那维亚最娴熟的工匠组织哥本哈根家具木工（Københavns Moebelsnedkeri），为公寓设计空间用烟熏橡木做了一套精致的衣橱。

安娜·特伦
ANNA THÓRUNN

年轻的冰岛设计师安娜·特伦（**Anna Thórunn**）的设计往往能把幽默的细节和祖国恶劣的气候环境结合在一起。她曾在罗马游学，并在冰岛艺术学院学习，在 **Epal** 工作室工作时，借鉴了来自这两个国家的学习经验。

上图："喂我"（Feed Me）碗

下图："实力"（Styrkur）灯

右页图："Kolur 305" 灯

———— 问答 ————

冰岛教育对你的设计有什么影响？

　　我是在雷克雅维克郊区长大的，那里到处都是新居民，对一个小女孩来说是非常有创意和令人兴奋的地方。我们的街道被广袤的大自然包围着，今天我意识到在这样一个美丽而宁静的地方成长是一种幸运。冰岛的民间故事也在我的成长过程中扮演了重要的角色。我父亲是冰岛航空公司的飞行员，我们经常和他一起旅行。那些令人兴奋的旅行开阔了我的视野。当时的冰岛人一般都受到与美国有关事物的影响，我也是如此。但今天我的设计也受到其他文化的启发。当时只有一家国家电视台，每年7月，电视台工作人员都会去度假，所以每个家庭不得不自力更生去娱乐，不管是去探亲还是24小时全天在外面玩耍。冰岛的严酷自然条件会影响到所有在冰岛长大的年轻人，尤其是那些比现在更严寒的记忆。我记得我

抓住路灯柱以免被风吹走，而且在齐腰的雪中跋涉是很正常的。冬日短暂的白昼和漫长的黑夜无疑对我的设计产生了最大的影响。我作品中的怀旧元素源于我在很小的时候就失去了父亲不得不快速成长的经历。

建立工作室之前你都做了些什么？

我是在罗马的欧洲设计学院（Istituto Europeo di Design）学习时开始我的设计生涯的。在那里，我开始怀疑自己是否走上了正确的道路。在成为一名罗马金匠的学徒之前，我参加了珠宝学院（Scuola Orafa）金饰和珠宝设计的课程。在意大利待了6年之后，我搬回冰岛，开始在哈夫纳夫约杜尔（Hafnarfjörður）的技术学院学习，并毕业于那里的艺术和设计专业。就是在那里，我终于找到了我的设计方向和目标。2007年，我毕业于冰岛艺术学院，获得了产品设计学位，从那以后一直是个独立的设计师。

你是怎么决心创立自己的工作室的？

我决定，最好是保持我的个性，并作为一个独立的设计师和制造者而工作。我独自工作，但在雷克雅维克的Epal设计工作室里与其他几位设计师共用一个工坊。

最能带给你灵感的地方是在哪里呢？

我从不同的地方得到灵感和想法。它可以来自日常生活和活动，也可以来自与童年有关的记忆。通常情况下，我把自己的想法在脑海中先酝酿出来，然后再把它们记录在纸上。我要建立起一个相当清晰的想法，但有时它需要一段时间才能成熟起来。当我寻找灵感的时候，我会沿着海岸或冰岛风景区散步，这些想法就会涌现在我脑海里。

在这样一个偏僻的地方创造现代设计是什么感觉？

我真的相信，人的家在哪里并不重要。创意和设计没有国界。世界是一个没有国界的全球市场，我们今天拥有的技术很容易受到来自世界各地的设计趋势的影响。然而，保持真实的自己是很重要的。我不能否认在这样一个与世隔绝的地方进行设计有一定的优势。我喜欢冰岛，在这里你能很快地被空旷与自然包围，我可以独自一人思考，直到我找到所有问题的答案。

你现在有最喜欢的冰岛设计师吗？

从过去几年的情况来看，冰岛的设计状况良好，蒸蒸日上。每个设计师都在用他们的设计掀起波澜，他们的作品遍布世界各地。冰岛设计师受其所处国家地理位置的影响，当然任何小型经济体都会存在这个问题。我觉得目前最有趣的设计师是那些和我一起毕业于冰岛艺术学院的设计师，比如特伦·阿尔那多蒂（Thórunn Árnadóttir）和温纳·瓦尔德斯（Unnur Valdís），他们设计了"漂浮"（Float）泳帽。

213

阿特勒·特维特
ATLE TVEIT

挪威家具设计师阿特勒·特维特毕业于卑尔根艺术设计学院，现为许多斯堪的纳维亚家具制造商工作。他曾多次获奖，其中包括挪威设计委员会的新秀奖。

———————— 问答 ————————

挪威的设计与其他国家的设计有什么不同吗？

就设计过程而言，我不确定它是否有那么大的不同。但是挪威是一个小国，所以与德国相比，工业是有限的。市场和客户群也小得多。在更宏观的市场中做设计似乎是明智的，但你也能以跨学科的方式或在你自己的资源范围内，在少竞争的环境里找到更多的项目。

能否介绍一下你的背景？

我出生在挪威东南海岸一个名叫内夫隆港（Nevlunghavn）的小地方，但后来搬到卑尔根学习家具和室内设计。2006年毕业后，我和一位毕业生一起建立了一个设计工作室，我们很快就得到了设计委托和很多媒体的关注。在我们离开卑尔根之前，我们为少数几家斯堪的纳维亚制造商开发了家具产品，并赢得了几个奖项。今天，我经营自己的设计工作室，位置就在奥斯陆郊外福尼布（Fornebu）的旧控制塔。有些项目是我自己的，但我也与其他设计师合作。

你是在哪里找到灵感的？

任何事情和每一件事情都可以带来灵感。人类、需要解决或改进的问题、大自然、伟大的设计和建筑、只有设计师（书呆子）才会注意到的技术和细节。灵感当然也不仅来源于这些，它哪里都有。

右页图："鸟"（Bird）沙发，赫兰（Helland）制造

斯堪的纳维亚最能启发你的地方是哪里呢？

大自然总是可以让我的思绪飞扬。虽然我住在奥斯陆，但我的家和办公室周围都有公园、森林和海滩。散步清理头脑往往会带来新的和有趣的想法。我经常去参加艺术展览、设计博览会和设计活动。经过几天广泛大量的视觉冲击，我的头脑可以载荷和爆发出很多新的想法。接下来的几天我都会绘制一些小的、快速表现的创意草图。有些创意草图可能是值得研究的，但大多数都是活不过几分钟的草稿。

你的设计过程是怎样进行的？

　　每个设计过程都是不同的，这取决于想法的
来源。当我在飞机上或远足的时候，灵感突然就
来了，我不得不做笔记或画一些草图。如果我正
在做一个案子或委托的项目，我通常会首先确定
我的客户（也就是买方）的需求，分析手头的任
务，并考虑项目中的所有重要因素：成本、生产、
效率、环境问题、材料的使用、人体工程学、营
销等。在这两种情况下，我开始都是手绘或用电
脑绘制草图，有时还需要使用实体模型。这在很
大程度上取决于我与谁合作或为谁工作，需要做
多少研究，以及我们何时可以开始进行解决方案
的开发。

有什么斯堪的纳维亚的设计师给你带来启发吗？

　　我们挪威有朴素的设计传统，我发现我们
会不断创造出经典作品，比如汉斯·布拉特鲁德
（Hans Brattrud）的"斯坎迪亚"（Scandia）椅、比
格尔·达尔（Birger Dahl）的"多卡"（Dokka）灯
和弗雷德里克·A·凯泽（Fredrik A. Kayser）的
"莫德尔711"（Modell 711）椅，他们与其他国际
知名的设计作品一样让人印象深刻、鼓舞人心。
我倾向于与之相同的设计哲学：极简美学。设计
中有某种优雅与和谐，一种不容易实现的简单。

我认为这是容易理解的设计美学。最近，"挪威之
声"设计工作室（Norway Says）为包括我在内的
挪威设计师提供了很多机会，奥斯陆和卑尔根的
设计学院也涌现出越来越多的优秀人才。这一定
和我在卑尔根艺术设计学院兼职做教师有关。

你对挪威设计的未来有什么看法？

　　我感觉挪威设计的未来很光明。似乎很多人
都在关注我们，但大家都不知道背负巨大的设计
传统的压力。大多数设计师都明白，应该团结在
一起，一起努力提升挪威设计的价值，而不是与
每个人竞争，这样挪威设计就会变得更强大。我
想也许20年前竞争更激烈，今天人们似乎明白，
在伦敦和米兰大家作为一个整体去展示的效果更
好，我们会为彼此增彩。如果每个人都试图单独
展示一两件作品的话，就会有我们的设计都被忽
视的危险。如果我们继续沿着这条路走下去，让
一些参与者在国际上得到更多的宣传，并让他们
的名字被众人熟知的话，挪威设计就可以占领一
席之地，并将持续很多年。

比约恩·凡·登·伯格
BJØRN VAN DEN BERG

奥斯陆的产品设计师比约恩·凡·登·伯格
（Bjørn Van den Berg）已经参加了很多展览
活动，其中包括米兰国际家具展和斯德哥尔摩
家具博览会。他获得了奥斯陆大学的硕士学
位，还曾在安德森和沃尔公司实习，是个值得
注目的设计天才。

问答

挪威年轻设计师面临的困难是什么？

    由于挪威本地工业生产有限，一些设计师选
择与国外制造商建立合作关系。近年来，越来越
多的年轻设计师在展览会上展示了他们的作品。
另一个展示的原因是，很多设计师已经开始在团
体活动中一起合作，其中包括挪威设计师联盟、
"看挪威"（Look To Norway）和OsloForm设计
工作室团队，这些合作似乎具有很强的优势。挪
威的设计在纯概念性的项目和具有商业潜力的项
目之间取得了很好的平衡。最近，设计师们开始
转向家居装饰设计，可能是因为与家具设计相比，
此领域的开发还不够多。

你现在的成就是如何取得的？

    当我还是个孩子的时候，我就画了很多画，
收集了很多东西。我一直研究对象及其美学的联
系，在体验过程、制作美食或物品上找到乐趣。
我在奥斯陆大学和阿克什胡斯大学学院学习产品
设计时，形成了我的设计方法。我受的教育是以
实践为基础的，并且学习期间就有机会投身设计
群体，以设计第一线的工作方法来制作作品原型。
在2014年，我完成了我的论文《存在和日常用
品》（Presence and Everyday Objects），并且为斯
德哥尔摩和米兰的展览活动制作了作品。完成学
业后，我参加了伦敦和东京的展览活动。

上图："光环"（Aura）系列镜子，2014年

右页图："光环"系列的台镜

是什么促使你进行创作和设计的？

我相信通过我的设计能创造某种体验。我经常在寻找可以在作品中再现的某种良好的体验。我的许多想法都是在旅行、观察周围的事物或画画的时候产生的。当酝酿想法时，这个过程也可以在公共汽车上进行，就像在图纸上进行一样。我会持续关注设计趋势和人们的需求。

你都是到哪里去找灵感的？

沿着挪威西海岸旅行是我真正喜欢的事情。从南方的亚伦（Jæren）一直到北方，每个峡湾和山谷都有自己的特点和氛围。风景非常漂亮，充满活力，空气清新。奥斯陆是经常启发我的地方，因为我住在那里。我大部分时间都在城市的萨格纳（Sagene）和葛鲁尼洛卡（Grünerløkka）地区度过。那里有公园、展览、餐馆和人，每天都是鼓舞人心的，在那里我的感觉和意识都能确认自己的存在。

你是如何设计一个产品的？

我的设计过程取决于项目，虽然我总是花相当长的时间思考和绘图，但做这些的同时也在完善这个想法。过了一段时间，当我觉得想法成熟后，就准备让设计具现化，制作3D建模和低成本模型。这时我会试着调整比例和形状，也会关注如颜色和表面质感等各种因素，并通过在不同表现媒介之间进行对比来评估设计的潜力如何。最终，我更加明确如何设计出最终的原型。

有什么设计师能给你灵感吗？

我喜欢芬兰设计师蒂莫·萨尔帕内瓦和卡伊·弗兰克的作品。他们在20世纪50年代和60年代创造的设计产品至今仍有一种很经典的感觉。我认为，设计行业低估了这种可持续的方法。通过设计来延长产品的寿命，并让它们持续几代，这是我一直在努力的目标。挪威之声这个设计团队对我来说也是灵感的来源。他们如何创建自己的团队以及如何通过作品确立自己的形象给了我很大启发。很难想象，如果没有他们，今天的挪威家具设计会如何发展。

挪威设计的未来是什么？

希望更多的设计师能建立他们自己的工作室，我相信挪威的设计师们会继续合作。我的愿景是，通过合作，我们将看到一个新的黄金时代的出现。

薇拉和凯特
VERA & KYTE

两位年轻设计师薇拉·克莱普（**Vera Kleppe**）和奥思尔·凯特（**Åshild Kyte**）的家位于挪威西海岸的卑尔根市。这两位作为室内设计师和家具设计师一起工作，并在《**Wallpaper***》杂志、《建筑文摘》（**Architectural Digest**）和《**ELLE**家居廊》中被刊登过。他们在新星设计奖（**Nova Design Awards**）上获得提名，并于**2014**年获得丹麦设计奖。

— 问答 —

你们为什么选择卑尔根作为公司的基地？

对我们来说，卑尔根是一个很自然的选择。它是一个小城市，拥有一个庞大而活跃的文化社群。无论你是国际知名的艺术家还是刚刚起步的设计师，在这里都会有强烈的归属感。这里不断地涌现新的跨学科协作，这也是我们决定把工作室设在这里的主要原因之一。我们工作室窗外的美丽景色是另一个吸引人的原因。

你们是如何开始家具设计和彼此的合作的？

我们都对美学和制造感兴趣，但在我们开始从事家具设计之前，我们涉猎过多种设计领域。我们在学习期间相遇，在那里我们进行了第一个合作项目，并发现我们形成了一个很棒的创造性团队。从那时起我们就想建立自己的工作室，我们在2012年取得了卑尔根艺术设计学院的硕士学位后就立刻成立了薇拉和凯特工作室。今天，我们拥有一个宽敞的工作室，并邀请平面设计师、音乐家和其他创意人员与我们分享这个空间，相互给予彼此新的视角。

左页上图："威士忌和水"（Whiskey and Water）饮水杯

左页下图："阶梯式"（Staged）积木储物架

223

什么能激励你们呢？

总是有新的东西可以激励我们。我们的设计方法不拘一格，这使我们有更灵活的应对性。好奇心是我们设计的核心要素，也同时保证我们不断地去探索。这也是一种不断寻求新知识的方式。首先，我们的灵感来自于设计领域以外，如日常用品、重工业、电影、艺术和建筑这些领域。这些带给我们某种感觉，这些感觉可能成为我们设计工作的基础，可能在设计的再创造、诠释或是在设计的某个元素中表达出来。

你们有特别喜欢、总是想去的地方吗？

我们工作室外有着繁忙的海港，那里风景优美，还有海上繁忙的船只和懂得艺术的居民。到处总有一些新的东西可以看。我们喜欢走街串巷，发现新的事物和新的可能性。

你们的设计过程是什么样的？

设计过程对于每个项目都是独一无二的，但是我们总会经历一些必要阶段。首先，建立该项目的设计目标。然后，会出现贴着创意小贴纸的"灵感之墙"。从草图发展为具有一定规模的模型，然后是全尺寸的设计模型。在数字3D建模和手工制作的模型之间切换对比是获得产品最终感觉的有效方法。在创建第一个产品原型之前，我们邀请其他人提供反馈意见，以更新我们的视角和设计思路。

右页上图: "服饰"（Apparel）房间隔断

本页及右页下图: "阳台"（Balcony）坐卧两用沙发

在你们的设计中，有参考过其他北欧设计师的作品吗？

斯堪的纳维亚有很多令人赞赏的设计师，既有历史上知名的设计大师，也有当代的新锐设计师。更能激发设计灵感的是风格、时代性和具体的项目，而不是某个设计师的作品。然而，我个人最喜欢的设计师是挪威家具设计师斯文·伊瓦尔·戴斯德（参见第18页），特别是他为海涅-翁斯塔艺术中心设计的藏品，作品本身很引人注目，也体现了建筑美。

你们认为挪威设计的未来如何？

挪威的设计未来会令人兴奋。它会继续进行更广范围的扩展、探索。我们迫不及待想成为其中的一部分！

第三部分

国际评论家

阿曼达·达默隆
AMANDA DAMERON

阿曼达·达默隆被誉为"现代设计世界中最有影响力的声音"，她在建筑和设计领域工作超过了15年。在成为《Dwell》杂志的主编之前，她曾担任《建筑文摘》杂志的编辑，并于2008年加入《Dwell》担任数字媒体总监。她的文章曾发表在《康泰纳仕旅行家》(Condé Nast Traveller)、《时尚生活》和《ELLE家居廊》杂志上。

———————————— 问答 ————————————

斯堪的纳维亚令你最喜欢的、容易受启发的地方在哪里？

在斯堪的纳维亚，我最喜欢的城市是赫尔辛基和斯德哥尔摩，我喜欢住在斯德哥尔摩船岛酒店（Skeppsholmen）。克拉松·科伊维斯托·鲁内建筑设计事务所的设计是如此的诗意。它的设计风格既内敛又强大，我认为斯堪的纳维亚总体设计也是如此。我因为设计风格而喜欢这两座城市，而且在这里徒步旅行非常方便。我必去的地方是瑞之锡（参见第26页）、卡尔·马尔姆斯滕和AB北欧画廊（AB Nordiska Galleriet），他们都在斯德哥尔摩，我还喜欢有些古怪特色的民族博物馆。

影响斯堪的纳维亚风格的杰出设计师或设计机构你觉得都有哪些？

这将是一个很长的列表。凯尔·柯林特、卡伊·弗兰克、莫妮卡·福斯特、诺特设计工作室（Note Design Studio）、Form Us With Love工作室、阿尔瓦·阿尔托（参见阿泰克，第20页）、&传统（参见第44页）、阿恩·雅各布森、前线（Front）、Hay（参见第120页）、延斯·奎斯特加特（Jens Quistgaard）、延斯·里索姆（Jens Risom）、安德森和沃尔等等，其中既有知名的设计师，又有优秀的新人才，他们都很杰出。

有哪些值得关注的新兴设计师？

斯堪的纳维亚各地涌现出很多优秀的年轻人才。我想提一下这几位设计师，比如薇拉和凯特（参见第223页）的薇拉·克莱普和奥思尔·凯特、斯托克·奥斯塔德设计工作室的乔纳斯·R·斯托克（Jonas R. Stokke）和奥斯丁·奥斯塔德（Øystein Austad）、尼克·罗斯（Nick Ross）、西蒙·凯·伯特曼（Simon Key Bertman）、安德里亚斯·恩格斯维克、约翰·阿斯特伯里（参见第56页）、本特·布鲁默、来自WhatsWhat设计团队的卡琳·沃伦贝克、德哥·古德蒙斯多蒂、迪特·哈姆斯特罗姆（Ditte Hammerstrøm）、莱恩·德平（Line Depping）、卢卡斯·达伦（Lukas Dahlén）、弗雷德里克·福尔（Fredrik Färg）等等，除此之外还有很多其他优秀的设计师。

多米妮克·勃朗宁
DOMINIQUE BROWNING

作家兼编辑多米妮克·勃朗宁曾为几家国际杂志工作，包括《新闻周刊》（Newsweek）和《时尚先生》（Esquire），后来担任《住宅与庭园》（House & Garden）总编辑。该杂志于2007年停刊后，她作为一名作家开始了新的职业生涯，撰写了几本关于家庭、园艺和生活方式的著作。

问答

你如何看待斯堪的纳维亚杰出的设计师对当今设计的影响？

斯堪的纳维亚设计的影响是巨大的。至少在美国，它已经开始得到认可和理解。多年以来，我们一直喜欢斯堪的纳维亚的产品设计，并深受其影响。但斯堪的纳维亚建筑才刚刚开始获得人们的关注。我想那是因为没有足够多的图书展示斯堪的纳维亚设计的精华，我们所看到的大多是家具、陶器或珠宝，但这些东西都是从创造它们的房舍、家园背景中剥离出来展示在我们面前的，而那些背景才是它们被喜爱和使用的地方。注重室内和室外空间的贯通连接，关注新材料和大面积玻璃的使用，对例如炉渣块等朴素材料的创造性使用，还有对栅格、规律节奏和空间模式的关注，这些都是斯堪的纳维亚设计的标志。

可以谈谈你生活中的斯堪的纳维亚设计吗？你最初是怎么关注到它的？

许多年前，我就很喜爱汉斯·瓦格纳的椅子，我的家人还坐在他的"叉骨"椅上围着桌子吃晚饭。有谁会不喜爱南纳·迪策尔1959年推出的迷人的"蛋"椅？它像一个挂在树（或天花板）上的柳条巢，让我们这些小鸟可以蜷缩在里面。阿尔瓦·阿尔托（参见阿泰克，第20页）也许是许多美国人认识的第一个斯堪的纳维亚设计师。但不管我们是否知道设计师的名字，我们中的许多人都是在芬·尤尔（参见第24页）等人设计的家具的包围下长大的。由于美国中产阶级在第二次世界大战后发展得如此迅速，新郊区成千上万的人正在建造新的房子，因此人们对现代轻巧的家具有着巨大的需求和渴望。到处都在用柚木。很多杂志，像《住宅与庭园》也为推广斯堪的纳维亚的新设计做了很多工作。别忘了还有芬兰经典设计品牌玛丽梅科（Marimekko）！我记得在大学的时候，我看过1972年版的电影《呼喊与细语》（Cries and Whispers），然后去设计研究商店（Design Research）买到了丽芙·尤尔曼（Liv Ullmann）在电影中穿的同样的条纹棉质T恤衫。这是最性感和最时尚的东西。我想，穿上它就证明了我是一个多么睿智的人！我一直都穿着这类衬衫。我还能继续列举很多这样的例子。我的心仍然对这些经典设计有如此大的反应。它们经典、隽永，看起来像刚创造出来时那样新鲜、别具一格和惹人喜爱。你可以看到今天这么多年轻设计师如何受他们的影响。

在你的职业生涯中，谁或什么事物给了你很大的影响？

可能我母亲的摩洛哥背景对我有一定影响。她在卡萨布兰卡长大，我小时候家里到处都是摩洛哥和斯堪的纳维亚柚木家具，它们风格对比很大。当然，当时我对此一无所知。这让我们认识到，表达你自己！你的家应该展示出你是谁，你去过哪里，你爱什么。从设计的角度来看，这对我来说是一个巨大的影响。另一个大的影响是书。我喜爱读书就像离不开呼吸。我发现阅读和欣赏图片是让人心旷神怡的事情。每个人都有自己热爱的事物，我则很喜欢看书。新的视野、新的感觉、新的颜色、新的对比、新的形状、模式和比例。我们都应该不断地积极面对陌生和意外的挑战，即使我们后来也许又回到了原先熟悉的喜好。

你如何看待斯堪的纳维亚的新兴设计？

我可以把我所有的钱都花在家居设计精品店Skandium（参见第247页）上，以及所有其他支持新年轻设计师的地方。令人赞赏的、质朴的、别具一格的和精致的设计传统仍然存在。

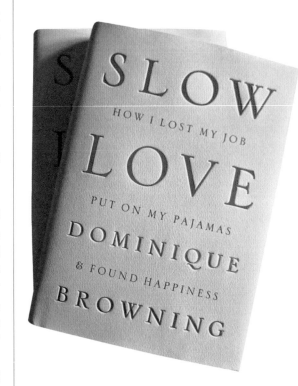

苏珊娜·文托
SUSANNA VENTO

芬兰室内设计师苏珊娜·文托也是成功博客"Varpunen"的作者。她目前在《Deko》杂志工作，而她的室内装饰作品也被美国《Dwell》杂志刊登过。在她的众多客户中还有伊塔拉和玛丽梅科。

问答

你是如何看待芬兰设计的？

我信赖斯堪的纳维亚设计师的风格和专业知识，特别是涉及为广大公众创造产品的时候。设计在芬兰没有很长的历史，它注重需求，同时又受到了富有、奢华的欧洲风格的启发。也许这就是芬兰设计多功能且忠实于材料的原因。这些设计在许多家庭中发挥着良好的作用，我相信芬兰设计是很好的设计。事实上，我更喜欢家具是功能性的、真实的、用天然材料创造的，再带些当今潮流和优良的设计。

你有喜欢的北欧设计师吗？

最近，我一直关注芬兰时尚品牌Samuji和家具公司阿尔托+阿尔托（参见第49页）。我也喜欢丹麦设计师塞西莉·曼茨（参见第151页）和梅特·杜达尔（Mette Duedahl）。

在你的职业生涯中，什么对你的影响最大？

也许我的灵感来自于我自己极简的生活方式和在芬兰的成长经历。我买的较少，但我选择的是高质量、设计精良的产品，而不是批量生产的。这种思维方式通常是北欧生活方式的核心，也是我看待世界和设计师的方式。我非常喜欢购买制作精心和设计优秀的家具。

你觉得在哪里能体验和芬兰设计相关的事物？

在芬兰，我推荐像斯奇弗（Skiffer，在一个小岛上）、帕斯托尔（Pastor）、普特酒吧（Putte's Bar）和比萨（Pizza）这样的餐馆。还有赫尔辛基的旧屠宰场地区（Teurastamo），这里会发生最时尚的事件，还拥有具备独创性和不同室内设计风格的餐厅。

你如何看待斯堪的纳维亚的新兴设计师？

我刚从芬兰设计师莉娜·沃里维尔塔（Lina Vuorivirta）那里买了一面镜子。我真的很佩服她的设计风格和设计眼光。

北欧设计
NORDIC DESIGN

对丹麦进行的一次访问彻底改变了凯瑟琳·拉热尔-吉纳德（Catherine Lazure-Guinard）的人生。她由此创建了备受赞誉的加拿大博客"北欧设计"。这个博客现在是北美介绍关于斯堪的纳维亚的设计、室内、建筑和生活方式方面颇具影响力的博客。

———————————————— 问答 ————————————————

你对北欧设计有什么看法？

斯堪的纳维亚是最热门的设计朝圣之地。这里因其创新、功能性和时尚的现代设计而受人瞩目。这些国家已经出现了一长串的传奇设计师，他们为我们现代世界的美学做出了巨大的贡献。北欧设计师创作的物品在形式和功能上都是创新、诚实、深思熟虑和朴素的，前提是你能够欣赏和尊重该地区的设计遗产和工艺传统。他们教导我们，干净的线条和天然的材料永远不会过时，他们设计的产品满足了我们对简洁产品日益增长的需求，充满巧思且具备高品质。他们由衷地以"少买，买就买好的"的心态引以为豪，并且身体力行推动这种做法，这是我们都应该坚持的。

你有喜欢的设计师吗？

我是规范建筑设计事务所（参见第173页）的超级粉丝。他们渴望分享他们的文化和设计历史，他们热爱细节、简单的形式、高质量的材料和永恒的美学。他们共同创造了神奇的室内设计和产品设计作品，体现了什么是斯堪的纳维亚的设计。我相信他们正在塑造新的北欧运动，毫无疑问，他们将在斯堪的纳维亚的设计历史上留下重要的印记。安德里亚斯·恩格斯维克站在挪威

蓬勃发展的设计舞台的最前沿，这是毋庸置疑的。他很有创造力，而且经常以他众多的创意想法和有趣的北欧格调而令人惊讶。在我预购清单上有他的一条毛毯。它的设计灵感来自挪威文化遗产和传统民间服装。我非常喜欢佩尔·塞德伯格（Per Söderberg）的"没有早起的鸟"（No Early Birds）系列的永恒优雅，以及时尚和室内设计师玛莱娜·比格尔（参见第73页）的兼容并蓄而别致的风格。当然，我是经典传奇设计师的崇拜者，比如阿恩·雅各布森和汉斯·瓦格纳，他们是丹麦现代主义运动的先驱人物。他们20世纪中期的许多流行作品现在也是经典的，仍然很受欢迎。

你是如何开始关注北欧设计，关注产品和室内设计领域的？

直到20岁出头，我才对装饰和设计产生了兴趣，主要原因是不喜欢当时身边的东西。直到我踏进丹麦，才找到我很喜欢的设计风格。这里就像一个正对我开放的全新世界。当我穿越斯堪的纳维亚半岛的时候，我立刻感觉找到了家，觉得这就是我要的。我钦佩北欧的生活方式、设计和文化。我发现这种设计风格实用、时尚、永恒、优美。我在2010年启动了博客作为个人设计参

考,这也是一种将我发现的所有美丽的室内设计、家具、灯具和家居配件进行整理的方法。我对斯堪的纳维亚的设计充满热情,想与大家分享这份喜悦。我确信更多的人会像我一样喜欢这种令人惊叹的风格。

第一次体验斯堪的纳维亚半岛的人应该去哪里?

在哥本哈根,我真的感觉很自在。我曾有机会生活在这个熙熙攘攘的迷人城市里,这段经历让人想起来都心情雀跃。在这个城市里漫步,你会发现这里有大量以设计为中心的商店。举几个例子,比如Hay(参见第120页)、Vipp、设计师动物园(Designer Zoo)、诺曼·哥本哈根(参见第169页)、静物(Stilleben)与皇家哥本哈根陶瓷厂。我最喜欢的地方是设计品百货商店Illums Bolighus,一个巨大的设计圣地,我可以在那里待上几个小时!我会在隔壁的皇家慕喜咖啡店吃点东西,这里有一种寿司大小的丹麦传统开放式三明治。晚上,我喜欢在瑞来(Relæ)或Höst餐厅就餐,这两家非常时尚的餐厅以其富有创意的厨房和货真价实的美食烹饪而闻名。在我的下一次旅行中,我会住在豪华的尼布酒店(Nimb)或时髦的SP34精品酒店(参见第127页),以前这里叫狐狸旅馆(Hotel Fox)。在这几年里,奥斯陆已经成为一个非常酷的设计和艺术之地。俗称盗贼岛的Tjuvholmen社区由于进行了万众瞩目的改造计划,成为了一个充满活力的文化中心。它现在充满了画廊、别致的酒店和世界一流的建筑。比如,奥斯陆歌剧院(Oslo Opera House)、阿斯楚普·费恩利现代艺术博物馆(Astrup Fearnley Museum of Modern Art),还有伦佐·皮亚诺(Renzo Piano)设计的博物馆,当然还有其他值得去的地方。时髦的盗贼酒店是一个时尚的基地,游客可以从中探索新建的海滨区。我强烈建议去冰岛旅游,除了壮观的景观外,我最想看到的是这个国家最隆重的设计节日"三月设计节"。在那里你会发现一种新兴的创意设计文化,这种文化在某种程度上仍未被人们所关注,而且与你在其他地方所看到的有所不同。我喜欢住在雷克雅维克灯光酒店(Reykjavik Lights Hotel)和101酒店(101 Hotel)。如果你想在首都外冒险,可以在令人惊叹的ION豪华冒险酒店(ION Luxury Adventure Hotel)预订一间客房。蓝湖(Blue Lagoon)也是非常值得参观的旅游胜地。

你认为有哪些值得关注的新兴北欧人才?

我们应该关注一下哥本哈根丹麦皇家美术学院毕业生克里斯蒂娜·利延贝里·哈斯特勒姆(Christina Liljenberg Halstrøm)。她的设计作品有一种唯美的设计美学风格。她最近为Skagerak家具品牌设计的优雅而极简主义的"格奥尔格"(Georg)系列令人惊叹。我也是挪威设计师拉尔斯·贝勒·费特兰(参见第64页)的粉丝。包括他巧妙的"回归"鸟类设计作品是木材的废物利用。可持续性、高雅和长久性是他设计哲学的核心。卡罗琳·奥尔松(参见第182页)是另一个值得注意的设计师。她有着对传统工艺和技术的高品位,这些给她有趣和创造性的设计作品带来了别具一格的特点。她的"斑比"(Bambi)桌就是一个很好的例子。

237

《Kinfolk》杂志
KINFOLK

内森·威廉姆斯（Nathan Williams）等人联合创建了创意生活品牌Ouur，生产服装和家庭用品的同时，他们还创建了一本国际知名杂志《Kinfolk》。他们的总部设在美国俄勒冈州波特兰市，在东京设有办事处。杂志深受北欧生活方式的启发。

问答

考虑到Ouur是一个关注生活方式的品牌，你对北欧设计有什么看法？

我们印象中北欧的设计一般都很简单，但仍然能够传达一种温暖和舒适的感觉。尽管无法直译为英语，我们已经发表了关于丹麦语"hygge"这个概念的故事。该概念指的是与亲密的朋友和家人共度时光，享受美食所带来的舒适。似乎许多北欧设计师都受到这种传统的hygge概念的影响，他们的设计通过创造温馨的空间来反映这种共同的价值观。

斯堪的纳维亚是如何给你的团队和你的产品灵感的呢？

让我们受到激励的，似乎是斯堪的纳维亚人共同的目标，即为每个人创造良好的设计作品，

右页上图：《Kinfolk》杂志

右页下图：该杂志推崇优雅的北欧设计

并致力于创造制作精良的服装和家庭用品，且这些产品都是一般人负担得起和容易获得的。斯堪的纳维亚和日本的文化影响了创意生活品牌Ouur，因为这两个地区一直专注于设计上的简洁性，充分利用可用的和天然的材料，并重视用更少的东西做更多的事情。我们花了很多时间考虑在多雨的波特兰穿什么衣服。波特兰和斯堪的纳维亚国家有着相似的气候，所以我们在选择温暖的面料和层次分明的外观方面会受到影响，并有一定程度相似。我们也寻找具有功能性设计方法的制造商们，他们生产的产品不一定能吸引更多的关注，但能够持久，并具有与客户生活方式无缝契合的实用价值。

有什么地方能启发你的灵感？

我喜欢去哥本哈根克劳斯·迈耶（Claus Meyer）的Almanak餐厅享用传统的开放式三明治。他的妻子，克里斯蒂娜·迈耶·本特松（Christina Meyer Bengtsson）是一位有才华的图形艺术家，为餐厅进行了室内设计。路易斯安那现代艺术博物馆也是给我灵感的地方，还有纸岛（Paper Island）上丹麦家具制造商&传统（参见第44页）的陈列室也很不错。

你最喜欢的斯堪的纳维亚设计师是谁？

我一直关注在哥本哈根一个相当年轻的设计工作室Frama（参见第103页），以及他们的成员尼尔斯·斯特罗耶·克里斯托弗森和德里顿·梅米西（Driton Memisi）的作品。我们也热衷关注由规范建筑设计事务所（参见第173页）设计的Menu品牌商店的产品，以及安娜梅特·基索（Annemette Kissow）的陶瓷作品。

米娅·林曼
MIA LINNMAN

曾经为宜家工作过的瑞典设计师米娅·林曼（**Mia Linnman**）现在的博客是**Solid Frog**，它被列入了《**Another**》杂志的阅读名单，并成为**Triba Space**里最受欢迎的博客。她的作品可以通过萨奇艺术（**Saatchi Art**）在线获得。

--------- 问答 ---------

你曾在北欧设计的包围下长大，如今看来它对你意味着什么？

在光线、浅色调，还有天然材料（如轻质木材、石材和皮革）环境中成长，这对我的影响是非常积极的。斯堪的纳维亚的设计也让我崇尚简洁感和品质感。

你的博客把注意力都集中在斯堪的纳维亚风格上，无论是在时尚方面还是在生活方式上都是如此。这一切是如何开始的？

它实际上是从我在宜家做室内设计师的时候开始的。我觉得收集灵感，并且给他人提供灵感是一项长期的工作。有地方可以展示我喜欢的东西，这也是一种乐趣，是我的做事风格。我从来没有特别去努力吸引读者，但一切就是这样自然发生了，突然我有了一些博客的追随者，这都激励我继续把博客坚持下去。现在我在博客上主要是贴我自己拍的照片，这需要花费更多的时间，但它会更有趣，更个性化。

对你来说谁或什么是能够代表北欧优秀设计的？

北欧有着很多知名设计师和新兴设计人才。我认为在提到北欧设计时，Hay（参见第120页）确实值得瞩目。产品设计师皮亚·瓦伦（Pia Wallén）也是纯正北欧设计风格的代表人物。还有代表瑞典风格的瑞之锡（参见第26页）。我认为《Kinfolk》（参见第238页）也能代表北欧设计，因为即使它是美国的，但它的内容都是斯堪的纳维亚人的生活方式。我也很欣赏北欧小众包袋品牌Little Liffner的设计师安妮·路易斯·兰德柳斯（Ann Louise Landelius）和宝利娜·利夫纳·冯·叙多（Paulina Liffner von Sydow）的可爱风格，这让斯堪的纳维亚风格更加迷人。

你认为哪些地方能特别代表北欧设计？

哥本哈根郊外的路易斯安那现代艺术博物馆、Illums Bolighus、艾克妮商店（the Acne stores）、瑞之锡、Hay家具和Muuto家具（参见第157页），还有斯德哥尔摩美丽的家之旅馆。

你有最喜欢的斯堪的纳维亚设计师吗？

丹麦的经典作品总是很优秀。我喜欢托马斯·桑德尔（Thomas Sandell）的设计风格，以及跨领域的公司克拉松·科伊维斯托·鲁内的作品。

爱北欧
LOVE NORDIC

作为半个冰岛人、半个英国人的室内设计师萨曼莎·德尼斯多蒂（Samantha Denisdóttir）是"爱北欧"这个设计主题博客的博主。她在诺丁汉（Nottingham）的国家设计学院（National Design Academy）学习，并曾在丹麦家具公司Bo Concept工作。现在她住在多塞特（Dorset），为酒店和私人住宅进行室内设计，同时也为几家杂志撰稿。

———— 问答 ————

作为一名室内设计师，你对北欧设计有何看法？

我每天都在为北欧产品而工作。斯堪的纳维亚设计处于室内设计行业的最前沿。它的影响遍及世界。尤其是现在，柔和的颜色、简单干净的线条，以及典型的北欧外观已经渗透到城市的各个角落。

你有特别喜欢的北欧设计师吗？

汉斯·瓦格纳是我最喜欢的设计师，他的作品是20世纪50年代丹麦现代主义运动的主要代表，他的作品至今仍受到高度的推崇。总部设在哥本哈根的规范建筑设计事务所（参见第173页）创造了令人惊叹的室内设计，他们最近为Menu设计的产品简直太棒了。

上图：庇护所（Shelter），Vipp设计

右页上图：艺术家迈克尔·埃尔姆格林（Michael Elmgreen），他是丹麦人。他和来自挪威的英格马·格拉格塞特（Ingar Dragset）在他们的工作室里

右页下图：诺玛餐厅餐具套装，索尼娅·帕克（Sonya Park）设计

你自己的作品也受到斯堪的纳维亚设计的影响吗？

主要影响是来自我母亲的祖国冰岛。就像许多冰岛设计师一样，我受到这个地处北大西洋的小岛上的自然、传统和文化的影响。冰岛的设计特色也是斯堪的纳维亚风格，但有一种原始的美，深深地与其景观共鸣。

你有什么地方可以推荐给想要体验冰岛设计的游客吗？

雷克雅维克是一个令人惊叹的地方，那里挤满了极具风格的餐厅。特别是Sjavargrillið餐厅，冬天非常棒，超级舒适。那里寿司和龙虾面食是特别值得尝试的美食！101雷克雅维克酒店（101 Reykjavik）是一家设计很酷的酒店，内部装饰精美，是冰岛设计的缩影。事实上，这家酒店是一家艺术画廊。即使你不住在那里，你也必须去看一看，喝一两杯鸡尾酒。在我看来，这是镇上最好的去处。当然，那里的自然景观是一个完全不同的故事，同样不容错过。蓝湖、喷发的火山、冰山和各种鲸鱼，名单还有很长一串！我也花了很多时间在瑞典，斯德哥尔摩是我很喜欢的城市之一。它的宏伟建筑，美丽的人民和惊人的群岛满足了我所有的想象。它是一个理想的居住地。如果你在附近，到罗德曼斯大街（Rådmansgatan）的洛塔·阿加顿（Lotta Agaton）的商店去，那里有着了不起的室内设计，准备被震惊吧！我也很想去诺玛餐厅体验那里的氛围。

你对斯堪的纳维亚的新兴设计人才怎么看？

我总是因我的网上商店北欧故事（Story North）遇到新的设计人才。我觉得最受欢迎的新兴设计师是英格比约·汉娜·比亚娜多蒂（Ingibjorg Hanna Bjarnadóttir）。她设计了"乌鸦"（Raven）衣架，很快就成了设计的经典。另一个是托拉·芬斯多蒂（Thora Finnsdóttir），她的陶瓷设计作品很快就会来到我的店里。

保罗·史密斯
PAUL SMITH

英国时装设计师保罗·史密斯（Paul Smith）的条纹布与知名的北欧家具设计一样，具有很高的辨识度。因此，当两者在最近的两个项目中走到一起时，看起来真是天作之合。

问答

为了纪念丹麦家具设计师汉斯·瓦格纳的百年诞辰，史密斯联合了汉森父子家具公司，这是一个具有百年历史的丹麦家具公司，还有和美国纺织老牌公司Maharam一起推出了一系列的收藏版家具。这个名为"保罗·史密斯纪念瓦格纳"（Paul Smith Celebrates Wegner）的项目重温了瓦格纳的一些最具标志性的设计，其中包括1949年版的"叉骨"椅、1960年版"翼"椅和1963年版的"贝壳"（Shell）椅。这些设计作品搭配以史密斯设计的两种新图案"大条纹"（Big Stripe）和"条纹"（Stripes），并有不同的颜色选择。这些系列设计被展示在保罗·史密斯的商店里，而且在2014年的米兰国际家具展的卡尔·汉森陈列室里进行展出，还在东京、纽约和巴黎等城市巡回展览。

2年前，史密斯和美国纺织老牌公司Maharam联合总部在丹麦埃伯尔措夫特（Ebeltoft）的纺织制造商Kvadrat，以及另一个具有代表性的丹麦家具品牌弗里茨·汉森家具公司（参见第30页）一起合作，推出一款新的纺织品"点"（Point）。这款面料设计有7种不同的图案，有11种颜色，为了庆祝它的推出，它被用于一系列弗里茨·汉森的经典椅子，包括阿恩·雅各布森1958年的"蛋"椅和"天鹅"椅，从1957年"大奖赛"椅，到保罗·克耶霍尔姆1956年的"PK 22"椅。这些椅子于2012年在弗里茨·汉森家具公司伦敦的旗舰店里展出。

上图：保罗·史密斯和"天鹅"椅，最初由阿恩·雅各布森设计

右页图："点"系列的"蛋"椅和"天鹅"椅

第三部分　国际评论家

244

Skandium家居
SKANDIUM

英国公司 **Skandium** 成立于 **1999** 年，由 **3** 个斯堪的纳维亚人马格努斯·恩隆德（Magnus Englund）、克里斯蒂娜·施密特（Christina Schmidt）和克里斯托弗·赛登法登（Christopher Seidenfaden）创立，目前它是英国知名的斯堪的纳维亚家具零售商。总经理马格努斯·恩隆德有时尚零售的背景，而且还是 **2** 本关于斯堪的纳维亚设计的畅销书的作者。

问答

你如何看待斯堪的纳维亚设计与全球设计的相互影响？

在我的世界里，斯堪的纳维亚、意大利、美国、英国和德国给世界设计赋予了一定规则。但我认为，在全球化的世界里，设计的国家身份变得不那么重要了，制造业往往从设计过程中脱离出来。斯堪的纳维亚设计师带来的更多的是一种工作方式，在这种方式中，简洁被视为一种美德。

你最欣赏哪个斯堪的纳维亚设计师的才能？

在斯堪的纳维亚设计的"黄金时代"里，我认为塔皮奥·维尔卡拉也许是最有才华的。他的作品涵盖了很多方面，从小户型设计到城市规划，都有很强的完整性。我也非常喜欢收藏斯蒂格·林德贝里（Stig Lindberg）的陶瓷作品，因为这些产品充满智慧和温暖。

在你的职业生涯中，有什么经历对你有特别的影响吗？

阿尔瓦·阿尔托诞辰百年之际，在芬兰度过的那一段时间，让我真正了解了芬兰的现代主义。

为保罗·史密斯（参见第244页）工作对我来说就是进了一所很好的零售业学校。他对细节的关注是惊人的，他让我明白了"你不一定要为了成功不择手段"。

关于斯堪的纳维亚的建筑和设计，你最感兴趣的是什么？

我可以从20世纪最平凡的建筑中找到乐趣，比如门把、灯饰和扶手。如今这些东西看起来都一样，但在以前，每一座新建筑确实都追求质量和独特的设计。我就特别喜欢我的老校舍！

新北欧设计是否有特定的中心？

丹麦确实是正处于这样一个中心，在过去的几年里，从斯德哥尔摩到哥本哈根都发生了很大的变化。丹麦设计师曾被20世纪中期大师们的经典设计遗产所束缚，但新一代成功地摆脱了这种桎梏，为今天而设计，取得了显著的成功。

阿兰·托尔普
ALLAN TORP

博客团体"平房5号"(Bungalow 5)的创始人兼主编阿兰·托尔普逃离了时尚界，现在专注于室内设计。他为包括古比在内的一系列丹麦设计品牌工作，为室内杂志撰稿。他还创办了"博主之旅"(Bloggers Tour)，展示了欧洲9位最具影响力的设计博主。

问答

今天的新兴人才和过去的设计师有什么区别？

　　越来越多的新兴设计师在国际博览会和媒体上得到了应有的认可，这两个指标都表明他们正朝着正确的方向前进。可以肯定地说，贯穿斯堪的纳维亚设计的文化遗产今天仍然具有现实意义，尽管现在设计方式比以前更加完善和复杂。现代斯堪的纳维亚设计发展迅速，新一代设计师将周围环境和他们独特的民族风俗的影响结合在一起，他们成为了有自己风格的设计师。全球性的成功是通过对特定文化的继承发展而实现的，这是新兴设计人才真正掌握的一个重要的原则。

右图："平房5号"是博主之旅的一部分，博主之旅汇集了来自9个不同的欧洲国家的9位博主

有没有某位我们需要特别关注的北欧设计师?

我想不是只有一位,这样的设计师有很多。我喜欢规范建筑设计事务所(参见第173页)。他们把设计对象提升到了一个新的层次,他们形成了另一种意义上的永恒。还有Afteroom,虽然他们最初是从中国台湾来的设计团队,但现在在斯德哥尔摩有工作室,他们的朴素和诚实是了不起的。我喜欢斯堪的纳维亚人和其他国家的人聚在一起,结合他们的才能和文化背景,但仍然保持着斯堪的纳维亚风格,比如丹麦-意大利二人设计团体GamFratesi工作室和瑞典-意大利团体诺特设计工作室。

在北欧设计方面,你是否受到其他斯堪的纳维亚平台的影响?

我一直在关注最好的国际设计博客,其中一个是埃玛设计博客(Emmas Designblogg),由瑞典博主埃姆(Em)创建。她的审美情趣令人惊奇,我真的很喜欢。如今,她也是我的一位好朋友,我们在许多项目上有着紧密合作。我也在关注其他国际知名的博客,如"Yatzer"和"Dezeen"。他们以一种非常有趣的方式传达设计,并且对如何在不损害博客性质的情况下进行商业推广有着独特的看法。

你在斯堪的纳维亚有什么喜欢的地方可以分享吗?

我一直住在哥本哈根。尽管与世界上其他国家的首都相比,它很小,但它仍然有它的好处。我喜欢步行,而不是骑自行车或乘公共交通工具。你几乎可以在1个小时内走到任何地方。我喜欢哥本哈根不同地区的文化。韦斯特伯区(Vesterbro)很有创意,也很有艺术性,还有很多很棒的咖啡屋和餐厅围绕着伊斯特大街(Istedgade)和肉类加工业区肉城(Kødbyen)。诺雷布罗区(Nørrebro)的文化非常多样化,你会发现越来越多的建筑值得一看,比如城市公园Superkilen,这是一个新的城市户外公共场所。奥斯特布罗区的历史建筑很棒,我喜欢绕行星形要塞卡斯特雷特(Kastellet),沿着海港走进城市,那里有新的歌剧院和剧院。如果你去哥本哈

根,就可以去像Höst或天竺葵这样的知名餐馆,也可以去看格伦特维教堂(Grundtvig Church)和新嘉士伯美术馆(Ny Carlsberg Glyptoteket)等景点,购物就去Hay(参见第120页)或静物。

新北欧设计的新兴人才中你关注的是谁?

我想到了几位。克里斯蒂娜·利延贝里·哈斯特勒姆几年来一直是设计界家喻户晓的名字,她的"格奥尔格"系列产品被Trip Trap推出后很快就被抢购一空。刚出现的新秀设计师是斯特雷特·莱恩斯(Straight Lines)和汉娜·达洛特(Hanna Dalrot),两者都有很大的天赋和潜力。

维罗妮卡·米凯·索尔海姆
VERONICA MIKE SOLHEIM

博主维罗妮卡·米凯·索尔海姆是总部位于奥斯陆的一家知名创意机构 **Anti** 的主编，在东京、巴黎和纽约等地都有国际客户群。她的博客"米凯世界"（**World of Mike**）在挪威获得了 **2013** 年度博主奖。

---- 问答 ----

你认为今天的北欧设计怎么样？

对我来说，新的北欧设计，尤其是挪威的设计，在设计和功能之间有着极好的平衡。我可以强调北欧设计有着干净的线条和简洁的风格，但其实还有比这更多的特点。北欧设计有着丰富的文化历史，我们现在看到的设计是我们祖先几百年前努力发展至今的结果，这使得北欧设计更加真实。北欧设计是迷人和诚实的，它也是沉静的。

你有喜欢的挪威设计师吗？

我喜欢娴熟的工艺和真实的品牌文化，这是我们经常在斯堪的纳维亚设计中可以看到的。现在我真的很喜欢亨廷和纳鲁德（参见第134页）这个新兴设计团队，他们的材料组合非常漂亮，而且做得很独特。我还喜欢Muuto（参见第157页）的功能设计，也喜欢Hay（参见第120页）。我还痴迷于特龙·斯文格（Trond Svendgård）的"雪球"（Snowball）灯。

在你的职业生涯中，什么对你的影响最大？

我在挪威设计公司Anti工作，该公司设计标准为"一种新型冲突"（a new type of interference），你可以把它称为我们的哲学。我们一直在寻找新的沟通方式。我会被特定的词汇和视觉技巧所吸引，真实性和冲突感的对比结合一直影响着我。我喜欢这类作品，也在自己的作品中对此有所追求。

在斯堪的纳维亚，特别是在挪威，你最喜欢的灵感之地是哪里？

我在挪威生活了一辈子，在西海岸长大，那里的自然世界是一个宏伟壮阔之地，对任何一个设计师，包括我自己，它都会是启发灵感的地方。我最喜欢的城市是哥本哈根，那里不断涌现出优秀的餐厅和新设计师。我现在居住的奥斯陆也正在经历一个非常有趣的转变。一个很好的例子是YME，位于奥斯陆市中心新装修的Paleet购物中心，被《Frame》杂志称为购物中心"皇冠上的宝石"。这是一家很棒的商店，是时尚、艺术和设计爱好者聚会的场所，可以让奥斯陆居民呼吸到新鲜的时尚空气。

你如何看待斯堪的纳维亚的新兴设计人才？

通过我在挪威设计公司Anti的工作，我在过去的10个月里一直在这个小国寻找人才。我想重点强调玛丽亚·比约里克（Maria Bjørlykke）、雷于尔夫·拉姆斯塔建筑事务所（Reiulf Ramstad Architects）、克拉克维·奥拉齐奥创意工作室（Kråkvik & D'Orazio）、埃里克·弗里斯·里坦（Erik Friis Reitan），他们都很能代表斯堪的纳维亚的设计，同时与挪威的文化遗产保持着密切的联系。

伊尔丝·克劳福德
ILSE CRAWFORD

虽然总部设在伦敦，设计师伊尔丝·克劳福德和北欧的关联性却很强。她的母亲是丹麦人，来自法罗（Faroe）群岛，克劳福德本人和她在Studioilse的团队一起，在斯堪的纳维亚进行了很多室内设计的工作，像斯德哥尔摩的家之旅馆和公寓设计空间（参见第206页），她还为丹麦珠宝品牌格奥尔格·延森设计了很多产品。

克劳福德曾在一家建筑公司工作，还做过设计记者，27岁时被任命为英国《ELLE家居廊》的主编。后来，她在纽约唐娜·卡兰家居（Donna Karan Home）担任副总裁，然后成立了自己的工作室。她做过许多项目，其中包括纽约Soho House酒店的内部装修、香港的都爹利（Duddell）餐厅（2013年），以及宜家的胶囊系列。她被邀请作为嘉宾在2015年斯德哥尔摩家具博览会的入口处主持一个展览"提问时间"（Question Time...）。

凭借斯堪的纳维亚风格的家具和简约的风格，克劳福德的室内设计很舒适、很受欢迎。在斯堪的纳维亚的项目包括斯德哥尔摩大酒店的马蒂亚斯·达尔格伦（Mathias Dahlgren）餐厅的室内设计、瑞典品牌Wästberg的灯具，以及同样位于斯德哥尔摩的酒店家之旅馆的品牌形象和室内设计，还有公寓设计空间（参见第206页）的临时室内设计，其中包括把厨房变成一家临时餐厅。她的设计项目延伸到北欧国家之外，比如她

也是荷兰埃因霍温设计学院（Design Academy Eindhoven）的人类与幸福系的创始人，并为德国莱茵河畔魏尔（Weil-am-Rhein）的维特拉家具博物馆（VitraHaus）设计了一个装置。

克劳福德充满激情，她认为室内应该是舒适的空间，这对日常生活来说是有意义的。在这方面，这位居住在伦敦的半丹麦、半加拿大裔设计师的设计理念完全符合北欧新设计的美学。

上图："伊尔丝"系列（Ilse Collection），2012年，格奥尔格·延森制造

右页图：家之旅馆，斯德哥尔摩，2012年

第254页图：内森·威廉姆斯，《Kinfolk》杂志

第256页图："拉"灯，Whats What设计，Muuto制造

人名地址录

图片版权

All illustrations are provided courtesy of the designer, architect or manufacturer, unless otherwise noted below.

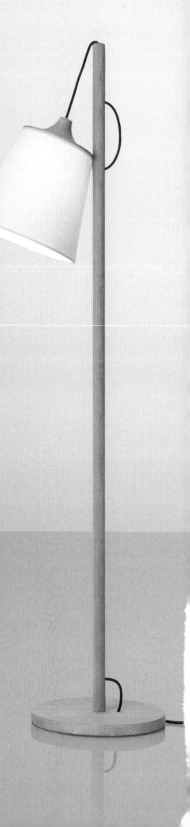